पादप जनित आविषालुता एवं रोग

पादप जनित आविषालुता एवं रोग

राजीव सिह
सह प्राध्यापक
पशु सूक्ष्मजीव विज्ञान विभाग
पशु चिकित्सा एवं पशुपालन विज्ञान महाविद्यालय
सरदार बल्लभभाई पटेल कृषि एवम् प्रौद्योगिक विश्वविद्यालय
मेरठ–250 110

पवन कुमार वर्मा
सहायक प्राध्यापक
पशु औषधविज्ञान एवं विषविज्ञान विभाग
पशु चिकित्सा एवं पशुपालन विज्ञान महाविद्यालय
रणवीर सिंह पुरा, जम्मू–181 102

ए.के. श्रीवास्तव
अध्यक्ष
कृषि वैज्ञानिक चयन मण्डल
भारतीय कृषि अनुसंधान परिषद
नई दिल्ली–110 012

SSPH

सतीश सीरियल पब्लिशिंग हाउस

403, एक्सप्रेस टॉवर, वाणिज्यिक परिसर, आजादपुर, नई दिल्ली–110033
दूरभाषः 011–27672852 फेक्सः 91–11–27672046
ईमेलः info@satishserial.com, hkjain1975@yahoo.com
वैबसाईटः www.satishserial.com

Published by :

SATISH SERIAL PUBLISHING HOUSE
403, Express Tower, Commercial Complex, Azadpur, Delhi-110033 (INDIA)
Phone : 011-27672852 Fax : 91-11-27672046
E-mail : info@satishserial.com, hkjain1975@yahoo.com

ISBN 978-93-86200-69-3

Composed, Designed & Printed in India

लेखकों के विषय में

डॉ. राजीव सिंह वर्तमान समय में सरदार बल्लभभाई पटेल कृषि एवं प्रौद्योगिक विश्वविद्यालय, मेरठ के पशु सूक्ष्मजीव विज्ञान विभाग में सह प्राध्यापक के पद पर कार्यरत हैं। डॉ. सिंह ने पशु चिकित्सा विज्ञान एवं पशु पालन स्नातक की उपाधि पशु चिकित्सा एवं पशुपालन महाविद्यालय, मथुरा तथा स्नात्कोत्तर एवं डाक्ट्रेट की उपाधि भारतीय पशु चिकित्सा अनुसंधान संस्थान, इज्जतनगर, बरेली से प्राप्त की। डॉ. सिंह ने शेरे कश्मीर कृषि एवं प्रौद्योगिकी विश्वविद्यालय में सहायक प्राध्यापक के पद पर अपना योगदान दिया है। आपके पास लगभग सोलह वर्ष के अध्यापन का अनुभव है। डॉ. सिंह ने जानपदिक एवं निवारण पशुचिकित्सा औषधि विज्ञान तथा पशु सूक्ष्मजीव विज्ञान विभाग के विभागाध्यक्ष पद पर भी कार्य किया है। आपके लगभग पचास शोध देश–विदेश की प्रतिष्ठित पत्रिकाओं में प्रकाशित हो चुके हैं। इसके अतिरिक्त आप देश–विदेश की अनेकों महत्वपूर्ण शोध पत्रिकाओं के सलाहकार मण्डल के सदस्य भी हैं। आपको अपने अध्ययन काल में मेरिट स्कॉलरशिप एवं जूनियर रिसर्च फैलोशिप प्राप्त हुई। पशु चिकित्सा एवं पशुपालन विज्ञान की स्नातक परीक्षा में उत्कृष्ट प्रदर्शन के लिये आपको स्वर्ण पदक एवं राज्यपाल स्वर्ण पदक से विभूषित किया गया है। डॉ. सिंह के शिक्षा के क्षेत्र में अभूतपूर्व योगदान को देखते हुए कई सोसायटी ने आपको अपने सर्वोच्च पुरस्कारों से भी अलंकृत किया है।

डॉ. पवन कुमार वर्मा वर्तमान समय में शेरे कश्मीर कृषि एवं प्रौद्योगिकी विश्वविद्यालय, जम्मू के पशु औषधविज्ञान एवं आविषविज्ञान विभाग में सहायक प्राध्यापक के पद पर कार्यरत हैं। डॉ. वर्मा ने पशु चिकित्सा विज्ञान एवं पशुपालन स्नातक की उपाधि गोविन्द बल्लभ पंत कृषि एवं प्रौद्योगिकी विश्वविद्यालय, पन्तनगर, उत्तराखण्ड, एम.वी.एस.सी. परास्नातक की उपाधि भारतीय पशु चिकित्सा अनुसंधान संस्थान, इज्जतनगर, बरेली एवं डाक्ट्रेट की उपाधि शेरे कश्मीर कृषि एवं प्रौद्योगिकी विश्वविद्यालय, जम्मू से प्राप्त की। डॉ. वर्मा को अध्यापन कार्य का लगभग 12 वर्ष का अनुभव है। आपने पशु चिकित्सा एवं पशुपालन विज्ञान से सम्बन्धित तीन महत्वपूर्ण पुस्तकों का सृजन भी किया है। आपके लगभग सौ से अधिक शोध पत्र देश–विदेश की प्रतिष्ठित पत्रिकाओं में प्रकाशित हो चुके है। इसके अतिरिकत आप देश–विदेश की अनेकों महत्वपूर्ण शोध पत्रिकाओं के सलाहकार मण्डल के सदस्य भी हैं। डॉ. वर्मा विश्वविद्यालय में विभिन्न स्रोतों से वित्त पोशित कई शोध परियोजनाओं पर भी कार्य कर रहे हैं। परास्नातक की शिक्षा के समय भारतीय कृषि अनुसंधान परिषद ने आपको जूनियर रिसर्च फैलोशिप प्रदान की। आपके शोध कार्यों को देखते हुए भारत सरकार के विज्ञान एवं प्रौद्योगिकी विभाग ने 2011 में आपको प्रतिष्ठित युवा वैज्ञानिक पुरस्कार से सम्मानित किया।

प्रो. ए.के. श्रीवास्तव वर्तमान समय में भारत वर्ष में कृषि वैज्ञानिकों के चयन के लिए गठित प्रतिष्ठित संस्थान "कृषि वैज्ञानिक चयन मण्डल" नई दिल्ली के अध्यक्ष पद पर आसीन हैं। इस से पूर्व आप भारतीय दुग्ध अनुसंधान संस्थान, करनाल के निदेशक एवं कुलपति, पंजाब कृषि विश्वविद्यालय, लुधियाना के भेषजगुणविज्ञान एवं आविषविज्ञान विभाग के विभागाध्यक्ष तथा शेरे कश्मीर कृषि एवं प्रौद्योगिकी विश्वविद्यालय, जम्मू में पशु चिकित्सा एवं पशुपालन महाविद्यालय तथा स्नात्कोत्तर महाविद्यालयों के अधिष्ठाता एवं निदेशक रेजीडेंट के पद पर योगदान दे चुके हैं। बहुमुखी प्रतिभा के धनी डॉ. श्रीवास्तव ने अपनी पशु चिकित्सा विज्ञान एवं पशुपालन स्नातक एवं परास्नातक की उपाधि उत्तर–प्रदेश के प्रतिष्ठित पशु चिकित्सा एवं पशुपालन महाविद्यालय, मथुरा तथा डाक्ट्रेट की उपाधि पंजाब कृषि विश्वविद्यालय, लुधियाना से प्राप्त की है। डॉ. श्रीवास्तव को अध्यापन कार्य का लगभग तीन दशक से अधिक का अनुभव है। आपने पशु चिकित्सा एवं पशुपालन विज्ञान से सम्बन्धित सात पुस्तकों का लेखन एवं सोलह पुस्तकों का संकलन एवं सम्पादन किया है। आपके लगभग दो सौ शोधपत्र देश–विदेश की प्रतिष्ठित पत्रिकाओं में प्रकाशित हो चुके हैं। इसके अतिरिक्त आप देश–विदेश के प्रतिष्ठित संस्थानों के मार्गदर्शक मण्डल एवं शोध पत्रिकाओं के सलाहकार मण्डल के सदस्य भी हैं। आपके विश्वस्तरीय शोध एवं शिक्षण कार्यों को देखते हुए भारत सरकार ने आपको प्रतिष्ठित जवाहर लाल नेहरू पुरस्कार एवं अंतर्राष्ट्रीय नोसिल अवार्ड से भी सम्मानित किया है। अनेकों विश्वस्तरीय स्वायत्तशासी संगठनों ने आपको अपने सर्वोच्च सम्मान नेशनल फैलो की उपाधि से विभूषित किया है। डॉ. श्रीवास्तव के उत्कृष्ट कार्यों को देखते हुये भारत वर्ष में पशु चिकित्सा एवं पशुपालन विज्ञान के भेषजगुणविज्ञान एवं आविषविज्ञान विद्या में आपको आधुनिक काल के जनक की प्रतिष्ठा प्राप्त है।

प्रस्तावना

पौधों की कई प्रजातियाँ जिन्हें पशुओं के चारे के रूप में प्रयुक्त किया जाता है एवं अन्य वह जो खरपतवार के रूप में खेत एवं खलिहान में उगती हैं, वातावरण की प्रतिकूल परिस्थितियों में रोगकारक जीवाणु, विषाणु, फफूँद एवं रोगवाहक परजीवी कीट–पतंगों से स्वयं के बचाव के लिए घातक स्तर तक रासायनिक विष निर्माण करती हैं। इस अवस्था में पौधों या पौधों के विशिष्ट भाग जिसमें विष संग्रहीत होता है को हरा चारा, मिश्रित चारा या ग्रीष्म ऋतु में हरा चारा न होने पर अज्ञानतावश पशुओं द्वारा खा लेने पर पशुओं में रोग एवं आविषालुता उत्पन्न होती है, जिससे प्रतिवर्ष बड़ी संख्या में जन–अर्थ एवं पशु–धन की हानि होती है।

उपर्युक्त विषय के संदर्भ में जनसाधारण, कृषक, पशुपालकों एवं अध्ययनरत छात्रों को चारे वाले पौधों एवं सड़क, रेल के किनारे, जंगलों, बंजर भूमि, खलिहान, भुसौरा आदि में उगने वाले खरपतवार के खाने पर पशु एवं मनुष्यों में होने वाली आविषालुता एवं रोग के विषय में जानकारी प्रदान करने के उद्देश्य से प्रस्तुत पुस्तक *"पादप जनित आविषालुता एवं रोग"* का सृजन किया गया है। रोग एवं आविषालुता विषय पर सरल एवं आम जन की भाषा में रोचक एवं नवीनतम वैज्ञानिक तथ्यों के आधार पर वर्णित जानकारी को संकलित कर हिन्दी भाषा में प्रथम बार लिखित यह पुस्तक पशु एवं मनुष्यों में आविषालुता के ससमय निदान, प्राथमिक उपचार एवं रोकथाम करने के लिए एक मील का पत्थर साबित होगी।

पुस्तक की रचना में संदर्भित विषय पर हिन्दी एवं अंग्रेजी में प्रकाशित अनेक पत्रिकाओं एवं अनुसंधान कार्यों की सहायता ली गयी है। अतः समस्त लेखकों एवं शोधार्थी के प्रति लेखकगण अपना साधुवाद प्रकट करते हैं। चित्रों में सहयोग करने वाले छात्रों एवं वैज्ञानिकों का भी हम लोग आभार व्यक्त करते हैं।

पुस्तक के प्रकाशन के लिए हम प्रकाशक के आभारी हैं, जिन्होंने पुस्तक के प्रकाशन में पर्याप्त रूचि ली है। इनके अतिरिक्त पुस्तक के सृजन में सहयोग करने वाले अन्य सभी व्यक्तियों द्वारा प्रदत्त प्रत्यक्ष एवं परोक्ष सहयोग का भी हम लेखकगण आभार व्यक्त करते हैं।

सृजन एक सतत् प्रक्रिया है और इस प्रक्रिया का अंग बनने वाले सभी पाठकों के सुझाव यथोचित सम्मान के साथ आमंत्रित है। साथ–साथ ही हम पाठकों को विश्वास दिलाते हैं कि भविष्य में आने वाले संस्करणों में उनके प्रेषित सुझाव एवं नवीनतम विषय सामग्री का समावेश होता रहेगा।

लेखकगण

विषय सूची

अध्याय 1

पादप हाइड्रोजन सायनाइड जनित आविषालुता

पादप हाइड्रोजन सायनाइड जनित आविषालुता रोमंथी पशुओं में होने वाली एक बड़ी समस्या है, जो ग्रीष्म या शीत ऋतु में कुम्हलाये एवं मुरझाये हुये ज्वार, मक्का तथा अन्य सायनाइड युक्त चारे को खाने से होती है। चारा खाने के तुरन्त पश्चात् या पानी पीने पर रोमंथिका में अधिक मात्रा में हाइड्रोजन सायनाइड गैस उत्पन्न हो जाती है। यह गैस शरीर में अवशोषित होकर आविषालुता करती है, जिससे पशु की मृत्यु हो जाती है। रोमंथी पशुओं में भी गोपशु एवं भैंस में आविषालुता भेड़ एवं बकरी की अपेक्षा अधिक होती है। अश्व एवं शूकर के आमाशय में पादप जनित ग्लाइकोसाइडेज एन्जाइम के निष्क्रिय या नष्ट हो जाने के कारण विषाक्तता प्रायः कम होती है।

सायनाइड विषाक्तता के सम्बन्ध में कुछ महत्वपूर्ण तत्व

पादप जनित कारक

- पौधों की लगभग 1000 प्रजातियाँ घातक स्तर तक सायनाइड उत्पन्न करने वाले ग्लाइकोसाइड को बनाती तथा संग्रहित करती हैं।

चित्र 1 : मक्का के पौधे

- पशु के चारे के लिये उपयोग किये जाने कुछ पौधे जैसे–ज्वार, मक्का, गन्ने की पताई, सूडान घास आदि वातावरण की प्रतिकूल परिस्थितियों में कीट – पतंगों से स्वयं के बचाव के लिये घातक स्तर तक धुरिन नामक सायनाइड उत्पन्न करने वाला ग्लाइकोसाइड बनाते हैं। इस अवस्था में चारे को खाने पर पशु में सायनाइड की आविषालुता होती है (चित्र 1 से 5)।
- चारे में प्रयुक्त होने वाले पौधे, जब छोटे होते हैं, तब इनमें धुरिन की मात्रा सर्वाधिक होती है। पत्तियों में यह तने की अपेक्षा अधिक होती है।

- ग्रीष्म ऋतु की बंधित वृद्धि के पश्चात् जब पौधों पर पहली वर्षा होती है, उस समय वृद्धि हुये पौधों में धुरिन की मात्रा सर्वाधिक होती है। इसी प्रकार पाला एवं कोहरे के समय भी चारे की वृद्धि बंधित होने पर सायनाइड की मात्रा बढ़ जाती है।
- उच्च नाइट्रोजन एवं कम फास्फोरस वाली मृदा पर उगने वाले चारे में अन्य की अपेक्षा सायनाइड उत्पन्न करने वाले ग्लाइकोसाइड की मात्रा अधिक होती है।

चित्र 2 : गन्ने की पताई

- खरपतवारनाशक, 2–4 डी का छिड़काव करने पर चारे में सायनाइड की मात्रा बढ़ जाती है।
- मुरझाये, कुम्हलाये, दुर्बल, कुचले एवं रौंदे हुये चारे को खाने पर पशु में शीघ्रता से सायनाइड की आविषालुता होती है।

चित्र 3 : बाजरे के पौधे

- अलसी की खली में लिनामैरिन नामक ग्लाइकोसाइड, सायनाइड उत्पन्न करता है। इस खली को भली–भाँति भिगोकर गलाने पर यह सायनाइड कम हो जाता है। अन्यथा, बिना भली–भाँति गलाई हुई अलसी की खली खिलाने पर पशु में सायनाइड जनित आविषालुता होती है।
- इसके अतिरिक्त कड़वे बादाम में अमगडेलिन, *लोटस अरेविकस* में लोटूसिन नामक ग्लाइकोसाइड, सायनाइड जनित आविषालुता उत्पन्न करते हैं।
- कुछ फल जैसे आड़ू, आलू बुखारा, सेब आदि में भी सायनाइड उत्पन्न करने वाले ग्लाइकोसाइड होते हैं।

पशु जनित कारक

- सायनाइड जनित आविषालुता मुख्यतः रोमंथी पशुओं में होती है, क्योंकि इन पशुओं की रोमंथिका में रहने वाले जीवाणु अपने एन्जाइम से चारे में विद्यमान सायनोजिनिक ग्लाइकोसाइड को तोड़कर अत्याधिक मात्रा में हाइड्रोजन सायनाइड गैस उत्पन्न करते हैं।

- रोमंथी पशुओं में भी गोपशु एवं भैंस आविषालुता को अधिक सुग्राही होते हैं। भेड़ एवं बकरी में आविषालुता अपेक्षाकृत कम पायी जाती है। इसका एक कारण गोपशु एवं भैंस में अधिक मात्रा में चारे का खाना एवं उनकी रोमंथिका के जीवाणुओं एवं चारे के एन्जाइम का अधिक मात्रा में एवं अलग अलग प्रकार का होना हो सकता है।

चित्र 4 : चरी के पौधे

- पेट भर चारा खाने वाले पशुओं में कम चारा खाने वाले पशुओं की अपेक्षा आविषालुता अधिक होती है।
- एकल पेट वाले पशु जैसे अश्व, शूकर आदि में आविषालुता अपेक्षाकृत कम होती है। इन पशुओं के आमाशय में हाइड्रो–क्लोरिक अम्ल, पौधों के सायनोजिनिक ग्लाइकोसाइड से हाइड्रोजन सायनाइड गैस को स्वतंत्र करने वाले एन्जाइम को नष्ट कर देता है।

चित्र 5 : ज्वार के पौधे

- अश्व में "सूडान घास" खाने पर आहार तंत्र के अन्य भागों में विद्यमान बीटा–ग्लाइकोसाइडेज एवं हाइड्राक्सीनाइट्राइल लाइएज एन्जाइमों द्वारा हाइड्रोजन सायनाइड गैस के स्वतंत्र होने पर विषाक्तता के लक्षण प्रकट होते हैं।
- अधिकतर पशुओं में सायनाइड की 0.5–3.0 मिग्रा प्रति किलो पशु भार की मात्रा मृत्यु कारक होती है। गोपशु एवं भेड़ में यह मात्रा 2.0 मिग्रा प्रति किलो पशु भार होती है।

अन्य कारक

- कभी–कभी मनुष्यों तथा जानवरों में धोखे से पोटैशियम सायनाइड या सायनाइड वाले कीटनाशक या चूहानाशक दवाईयों को खा लेने पर सायनाइड की आविषालुता होती है।
- कैल्सियम सायनाइड का उर्वरक के रूप में अधिक मात्रा में प्रयोग भी आविषालुता को बढ़ाता है।

- कैंसररोधी औषधि लेटराइल में भी अमगडेलिन नामक सायनाइड को उत्पन्न करने वाला ग्लाइकोसाइड होता है। इसके अतिरिक्त उच्च रक्तचाप को नियंत्रित करने वाली औषधि थायोसायनेट द्वारा भी सायनाइड की आविषालुता होती है।
- कड़वे बादाम के तेल में 4 प्रतिशत तक हाइड्रोजन सायनाइड होती है।
- फोटोग्रॉफी के घोल, चाँदी एवं धातुओं की पॉलिश, मिथाइल आइसोसायनाइड गैस के वातावरण में प्रदूषण से भी सायनाइड की आविषालुता के मामलों में वृद्धि होती है।
- कल कारखानों में भी सायनाइड के लवण धातुओं की सफाई, अयस्कों के शुद्धीकरण, रंगाई, नायलॉन के उत्पादन आदि में प्रयुक्त होते हैं। यह भी सायनाइड आविषालुता उत्पन्न करते हैं (ब्रैको एटअल, 1979)।
- कुछ जीवाणु, जैसे *क्रोमोबैक्टीरियम वायोलेसियम* तथा *सूडोमोनास* सायनाइड को उत्पन्न करते हैं। अतः यह भी सायनाइड की आविषालुता को बढ़ावा देते हैं।

विषाक्तता की क्रिया विधिः हाइड्रोजन सायनाइड रंगहीन एवं कड़वे बादाम जैसी गंध वाली गैस है, जो शीघ्रतापूर्वक वाष्पित हो जाती है। इस का अणुभार कम होता है। पानी में आयनीकरण भी कम होता है। इस कारण से यह गैस आसानी से आहारनाल एवं श्वसन तंत्र से अवशोषित होकर रक्तपरिसंचरण तंत्र में पहुँच जाती है। रक्त में पहुँचने के बाद सामान्य परिस्थतियों में हाइड्रोजन सायनाइड का कुछ भाग तो श्वसन क्रिया में निःश्वास वायु द्वारा शरीर से बाहर निकाल दिया जाता है, तथा शेष भाग यकृत में रोडानेज एन्जाइम की क्रिया द्वारा थायोसायनेट में परिवर्तित हो कर मूत्र में उत्सर्जित कर दिया जाता है। इसके अतिरिक्त बहुत कम मात्रा में यह हाइड्राक्सीकोबालामीन, सिस्टीन एवं मेटहीमोग्लोबिन से क्रिया कर हानिरहित पदार्थों में बदल कर शरीर से बाहर निकल जाता है (ब्रिंक एट अल, 1950. पार्क, 1974)। मानव शरीर में हाइड्रोजन सायनाइड की औसत अर्ध आयु एक घंटा (क्लार्क एट अल, 1983) तथा थायोसायनेट की 2.7 दिन होती है (शुल्ज एट अल, 1979)।

जब हाइड्रोजन सायनाइड अधिक मात्रा में रक्त परिसंचरण तंत्र में पहुँचता है, तब यह मेटैलोपोरफाइरिन की संरचना में फेरिक आयन (Fe^{+3}) रखने वाले एन्जाइमों से क्रिया कर उनके कार्य को रोक देता है। इस प्रकार के एन्जाइमों में माइट्रोकान्ड्रिया का ऑक्सी श्वसन का एन्जाइम साइटोक्रोम आक्सीडेज प्रमुख होता है। इस एन्जाइम के फेरिक (Fe^{+3}) आयन से क्रिया कर हाइड्रोजन सायनाइड एक स्थिर जटिल यौगिक का निर्माण करता है। इस प्रकार फेरिक (Fe^{+3}) आयन से फेरस (Fe^{+2}) आयन में परिवर्तन को रोककर हाइड्रोजन सायनाइड, ऑक्सी श्वसन के इलैक्ट्रॉन ट्रांसपोर्ट श्रृंखला में ऑक्सीजन द्वारा ए टी पी के उत्पादन को रोक देता है। हाइड्रोजन सायनाइड की 33 μm की सांद्रता पर यह प्रक्रिया

पूर्ण रूप से रूक जाती है। इसके अतिरिक्त हाइड्रोजन सायनाइड के प्रभाव में फुफ्फुस (पाल्मोनरी) एवं हृद् (कोरोनरी) धमनियाँ भी संकुचित होने लगती है।

शरीर में ऑक्सीजन का उपभोग रूक जाने पर रक्त में ऑक्सीजन की मात्रा बढ़ जाती है जिससे वह *"चटक लाल"* रंग का हो जाता है। मस्तिष्क के संवेदकों को ऑक्सीजन न मिल पाने के कारण वह उत्तेजित होकर हृदय तथा श्वसन की गति बढ़ाकर ऑक्सीजन प्राप्त करने का प्रयास करते हैं। जिस से पशु शीघ्रतापूर्वक एवं गहरी–गहरी श्वांस लेता है। हृदय की गति भी बढ़ जाती है। किन्तु इस प्रक्रिया से भी ऑक्सीजन प्राप्त न हो पाने पर हृदपात (हार्ट अटैक) से पशु की मृत्यु हो जाती है (बसकिन एट अल, 1987)। इसके अतिरिक्त ऊतकों को ऑक्सीजन न मिल पाने पर वह ऊर्जा की पूर्ति के लिये अनॉक्सीय श्वसन प्रारम्भ कर देते हैं। इस से कोशिकाओं में लेक्टिक अम्ल जमा होने लगता है। लेक्टिक अम्ल रक्त में पहुँच कर शरीर के रासायनिक द्रव्य की क्रियाओं को अव्यवस्थित करने लगता है।

इस प्रकार अनॉक्सीय अनॉक्सिता, ऊर्जीय मुद्रा के न बनने एवं लेक्टिक अम्ल की अधिकता के प्रभाव में तंत्रिका, परिसंचरण एवं श्वसन तंत्र के विफल हो जाने से हाइड्रोजन सायनाइड आविषालुता में पशु की मृत्यु हो जाती है।

कम मात्रा में लगातार हाइड्रोजन सायनाइड लेते रहने पर कुछ पशुओं में थायोसाइनेट के प्रभाव से गलगंडक रोग के होने के मामले भी पाये गये हैं।

लक्षणः पशुओं में हाइड्रोजन सायनाइड आविषालुता बहुधा गैस को अधिक मात्रा में सूँध लेने या सायनाइड के ग्लाइकोसाइड वाले चारे को खा लेने से होती है। हाइड्रोजन सायनाइड की मात्रा के अनुसार ही विषाक्तता के लक्षण प्रकट होते हैं। इन लक्षणों के आधार पर आविषालुता को अति तीव्र, तीव्र एवं चिरकारी प्रकार में बाँटा जाता है। *अति तीव्र* एवं *तीव्र* प्रकार की आविषालुता में लक्षण प्रायः चारा खाने के 10 से 15 मिनट में प्रकट होते हैं। एक से दो घंटे के भीतर ही पशु तड़प–तड़प कर दम तोड़ देता है। आविषालुता के प्रारम्भ में पशु कुछ उत्सुक दिखायी देता है। थोड़ी ही देर में वह तेजी से गहरी–गहरी श्वांस लेने लगता है। धीरे–धीरे पशु को श्वांस लेने में कठिनाई होने लगती है। हृदय भी जोर–जोर से धड़कता है। मुँह से झाग तथा आँखों से अश्रु गिरते हैं। आँख तथा अन्य भागों की श्लेष्मल गहरे गुलाबी रंग की हो जाती है। रक्त का रंग चटक लाल हो जाता है। आँख की पुतली फैल जाती है तथा आंखे घूम जाती हैं। बेचैनी बढ़ जाती है। मांसपेशियों में कंपन होने लगता है। सिर से प्रारम्भ होकर कंपन धीरे–धीरे गर्दन से होता हुआ सम्पूर्ण शरीर में फैल जाता है। पशु लड़खड़ाने लगता है। धीरे–धीरे पशु निढ़ाल होकर गिर पड़ता है। नाड़ी के स्पंदन की गति एवं तीव्रता कम होती है। अंततः पशु आधा से पौन घंटे के भीतर दम घुटने से मर जाता है। यदि पशु इस अवस्था में भी 2 घंटे तक जीवित रहता है, तब उस के जीवित बचने की संभावनायें बढ़ जाती है।

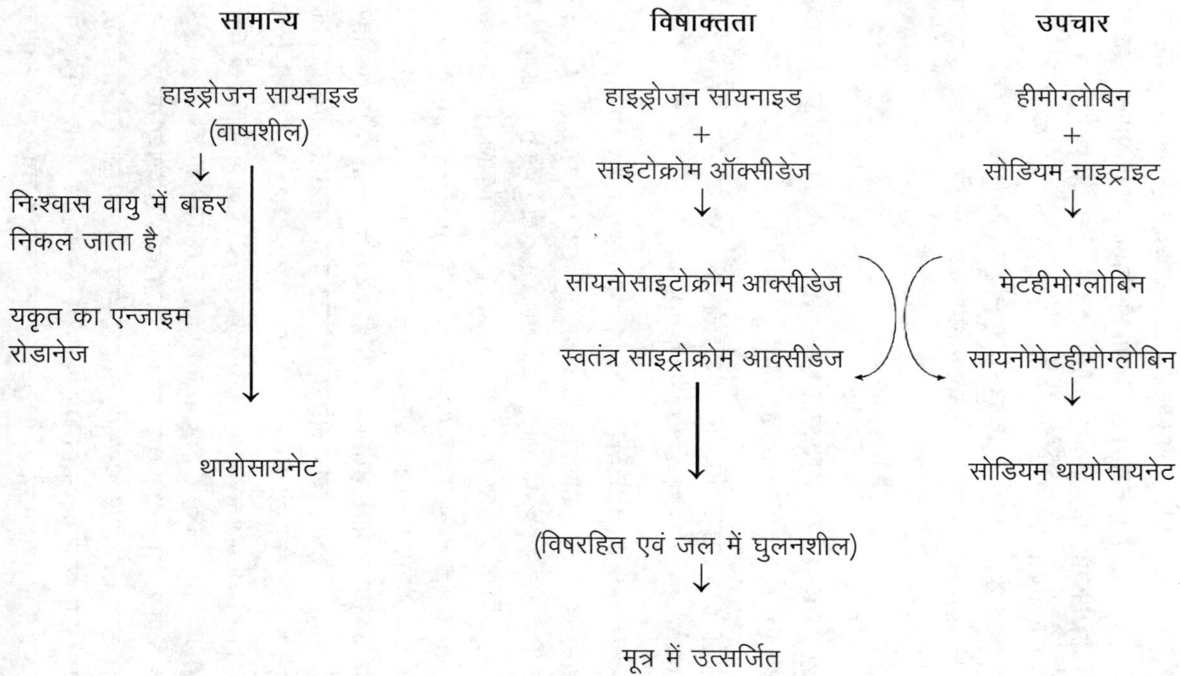

रेखाचित्र 1 : पशुओं के शरीर के भीतर सायनाइड के सामान्य, विषाक्तता एवं उपचार की अवस्था में होने वाले परिवर्तन

यदि पशु बहुत समय तक लगातार तथा कम मात्रा में हाइड्रोजन सायनाइड युक्त चारा खाता रहता है तब उसमें *चिरकारी* प्रकार की आविषालुता होती है। इस प्रकार की आविषालुता प्रायः कम दिखायी देती है तथा कभी–कभी ही अश्व, गोपशु एवं भेड़ में होती है। चिरकारी आविषालुता में पशु कमजोर हो जाता है। शरीर के बाल झड़ जाते हैं। त्वचा का रंग गुलाबी हो जाता है। शरीर के कुछ अंग काम करना बंद कर देते हैं। जो घोड़े लगातार ज्वार या सूडान घास खाते हैं उनमें कभी–कभी ज्वार मूत्राशयशोथ गति भ्रंश (सोरगम सिस्टाइटिस एटैक्सिया) नामक बीमारी हो जाती है। यह संभवतः लथाइरोजिनिक नाइट्राइल्स जैसे बीटा सायनोएलानीन, सायनोजिनिक ग्लाइकोसाइड एवं नाइट्रेट के कारण होती है। इसमें घोड़े के मेरूरज्जु एवं अनुमस्तिष्क (सेरीबेलम) के तंत्रिकाक्ष (ऐक्सॉन) में क्षरण एवं मज्जामृदुता (माइलोमलेशिया) होती है। पशु को मूत्र त्यागने में कठिनाई होती है। मूत्राशय में जलन होती है। शरीर के पिछले भाग की मांसपेशियों में तारतम्यता का अभाव होता है। गर्भित पशु में गर्भपात हो जाता है। कभी–कभी घोड़ी, कुबड़े बच्चे को जन्म देती है, जिससे बच्चे के प्रसव में कठिनाई होती है (डोहर्टी एट अल, 1982; सिंह, 1982)।

रोग से मृत हुये पशु का शव विच्छेदन करने पर रोमंथिका के चारे से कड़वे बादाम जैसी गंध आती है। रक्त चमकदार चेरी जैसा लाल होता है। प्रायः रक्त का थक्का नहीं बनता है। श्लेष्मल गुलाबी या नीले रंग की दिखायी देती है। यकृत, श्लेष्मल, श्वांसनाल तथा फेफड़ों में रक्तस्राव के निशान मिलते हैं। श्वांसनाल में झाग भरा होता है। कुत्ते के केन्द्रीय तंत्रिका तंत्र में क्षरण हुई कोशिकाओं के समूह मिलते हैं।

प्रयोगशाला में सायनाइड की विषाक्तता का निदान करने के लिये मृत पशु के रोमंथिका से 50 ग्राम तक चारा, यकृत तथा मांसपेशियों को अलग–अलग जारों में कसकर सीलबन्द कर भेजना चाहिये।

निदानः आविषालुता का निदान निम्नलिखित प्रकार से किया जा सकता है –

- प्रभावित पशु के खान–पान एवं चारे के विषय में पूर्ण जानकारी प्राप्त कर।
- लक्षणों के आधार पर।
- मृत पशु के शव परीक्षण पर रोमंथिका में "कड़वे बादाम" जैसी गंध होने पर।
- समान लक्षणों वाली नाइट्रेट, हाइड्रोजन सल्फाइड, कार्बन मोनोआक्साइड एवं यूरिया जनित विषाक्तताओं से विभेदीकृत पहचान कर।
- पशु के रक्त, यकृत, मांसपेशियों के टुकड़े एवं रोमंथिका के बचे हुये चारे में पिकरिक अम्ल परीक्षण की सहायता से हाइड्रोजन सायनाइड का पता लगाकर।
- *पिकरिक अम्ल परीक्षण (हेनरिसी परीक्षण):* इस परीक्षण को सुगमता से किसी भी व्यक्ति द्वारा किया जा सकता है। परीक्षण से पहले फिल्टर पेपर को 6x1 सेमी के

टुकड़ों में काटते हैं। इन टुकड़ों के एक सिरे को 2 सेमी तक, 0.5 ग्राम पिकरिक अम्ल, 5.0 ग्राम सोडियम कार्बोनेट के 100 मिली पानी में बने घोल में डुबोकर, अंधेरे स्थान पर रखकर सुखा लेते हैं। शीशे की एक परखनली में थोड़ा सा पानी लेते हैं। इस पानी में क्लोरोफार्म की कुछ बूंदे डालकर साथ ही परीक्षण को लाये गये संदेहास्पद चारे की 5 ग्राम तक की मात्रा को डाल देते हैं। इसके तुरंत बाद ही पिकरिक अम्ल के एक टुकड़े को परखनली में कार्क की सहायता से लटका कर कार्क को इस प्रकार कस देते हैं कि अंदर की गैस बाहर न आ सके। पिकरिक अम्ल के फिल्टर पेपर को परखनली में लटकाते समय यह अवश्य ध्यान रखना चाहिये, कि फिल्टर पेपर का पिकरिक अम्ल में डूबा हुआ सिरा न तो परखनली की भीतरी सतह और न ही संदेहास्पद चारे को छूने पाये। पूर्णतः बंद परखनली को 5 से 10 मिनट तक धीरे–धीरे गर्म करने पर यदि पेपर का रंग पीले से लाल होने लगे, तो पशु को हाइड्रोजन सायनाइड की आविषालुता का शिकार हुआ मानना चाहिये।

उपचार: सायनाइड आविषालुता का उपचार निम्नलिखित प्रकार से किया जाता है–

- पशु के आमाशय में और अधिक सायनाइड के उत्पादन को रोककर।
- कोशिकाओं में सायनाइड–साइटोक्रोम ऑक्सीडेज के बंधन को तोड़कर।
- सायनाइड को थायोसाइनेट में परिवर्तित कर।
- थायोसायनेट का मूत्र में उत्सर्जन बढ़ाकर।

पशु के आमाशय में और अधिक सायनाइड के उत्पादन को रोकना: रोमंथी पशुओं की रोमंथिका में आविषता की अवस्था में सूक्ष्मदर्शी जीवाणुओं द्वारा और अधिक मात्रा में सायनाइड के उत्पादन को रोकने के लिये सिरका का प्रयोग करते हैं। इस के लिये सिरका की 4 लीटर मात्रा को 10 लीटर ठंडे पानी में घोल कर पशु को पिलाते हैं। रोमंथिका एवं आमाशय में उत्पादित हुई हाइड्रोजन सायनायड को वहीं पर अधिशोषित करने के लिये सक्रिय चारकोल का प्रयोग भी किया जाता है। इस प्रकार पशु की रोमंथिका में और अधिक मात्रा में सायनाइड के उत्पादन को रोककर तथा उत्पादित सायनाइड को सक्रिय चारकोल पर अधिशोषित कर विषाक्तता के प्रभाव को कम किया जा सकता है।

सायनाइड–साइटोक्रोम ऑक्सीडेज के बंधन को तोड़ना: सायनाइड–साइटोक्रोम ऑक्सीडेज के बंधन को तोड़ने के लिये सोडियम नाइट्राइट एवं सोडियम थायोसल्फेट को पृथक या संयुक्त रूप में प्रयुक्त किया जाता है। इनमें से सोडियम नाइट्राइट रक्त में हीमोग्लोबिन से क्रिया कर उसकी कुछ मात्रा को मेटहीमोग्लोबिन में बदल देता है। इस मेटहीमोग्लोबिन के फेरिक आयन की कुछ मात्रा रक्त में स्वतंत्र तथा अन्य सायनोसाइटोक्रोम ऑक्सीडेज से क्रिया कर सायनोमेटहीमोग्लोबिन का निर्माण करती है। इस प्रक्रिया में

सायनाइड द्वारा बंधित साइटोक्रोम ऑक्सीडेज नामक एन्जाइम मुक्त हो जाता है। साइटोक्रोम ऑक्सीडेज के मुक्त हो जाने पर ऑक्सी श्वसन की प्रक्रिया पुनः प्रारम्भ हो जाती है। यकृत में सोडियम थायोसल्फेट का सल्फर, रोडानेस एन्जाइम की उपस्थित में सायनोमेट हीमोग्लोबिन से क्रिया कर हानिरहित, जल में घुलनशील सोडियम थायोसायनेट का निर्माण करता है, जो मूत्र द्वारा शरीर से उत्सर्जित कर दिया जाता है (रेखचित्र 1)। इस प्रकार सोडियम नाइट्राइट एवं सोडियम थायोसल्फेट का उपयोग कर पशु को हाइड्रोजन सायनाइड की आविषालुता से बचाया जा सकता है। इनको निम्न में से किसी एक तरीके से उपचार में प्रयुक्त किया जाता है –

गाय, भैंस

- सोडियम नाइट्राइट एवं सोडियम थायोसल्फेट के 20 प्रतिशत के घोल को 1:3 के अनुपात में मिलाकर 4 मिली प्रति 45 किग्रा पशु भार की दर से शिराओं में इन्जेक्शन लगाकर।
- सोडियम नाइट्राइट (5 ग्राम) एवं सोडियम थायोसल्फेट (15 ग्राम) का 200 मिली आसुत जल में घोल बनाकर शिराओं में प्रविष्ट करा कर।
- सोडियम नाइट्राइट एवं सोडियम थायोसल्फेट को 20 प्रतिशत के घोल में क्रमशः 20 मिग्रा तथा 600 मिग्रा प्रतिकिग्रा पशु भार की दर से प्रयुक्त कर।

भेड़, बकरी

- सोडियम नाइट्राइट (1 ग्राम) एवं सोडियम थायोसल्फेट (3 ग्राम) का 50 मिली आसुत जल में घोल बनाकर शिराओं में इन्जेक्शन लगाकर।

आविषालुता के निदान में अनिश्चितता होने पर मेथिलीन ब्लू को 4–22 मिग्रा प्रति किग्रा (4–6 ग्राम प्रति 454 किग्रा) पशु भार की दर से प्रयुक्त किया जा सकता है। मेथिलीन ब्लू इलैक्ट्रॉन के दाता एवं संग्राहक दोनों ही रूप में कार्य कर सकता है, अतः रक्त में मेटहीमोग्लोबिन की मात्रा अधिक होने पर यह उसके उत्पादन को कम तथा इसके विपरीत कम होने पर अधिक कर सकता है। इस प्रकार रक्त में मेटहीमोग्लोबिन के उत्पादन को नियंत्रित कर मेथिलीन ब्लू, हाइड्रोसायनाइड की विषाक्तता के प्रभाव को कम करता है। किन्तु मेथिलीन ब्लू के कार्य की गति मंद होने के कारण इसको प्रायः आविषालुता के उपचार में प्रयुक्त नहीं किया जाता है।

उपर्युक्त औषधियों के अतिरिक्त वर्तमान समय में कोबाल्ट के लवणों को भी सायनाइड की विषाक्तता के उपचार में प्रयुक्त किया जाता है। यूरोप में डाइकोबाल्ट इडीटेट या डाइकोबाल्ट–ईडीटीए के नाम का एक प्रतिकारक (एंटीडोट) बाजार में

उपलब्ध है, जो शीघ्रतापूर्वक रक्त में हाइड्रोसायनाइड से क्रिया कर उसको कोबाल्टीसायनाइड में बदल देता है। इस प्रकार कोबाल्ट के लवण, मेटहीमोग्लोबिन के निर्माण द्वारा विषाक्तता को दूर करने वाली औषधियों से अधिक प्रभावशाली ढंग से हाइड्रोसायनाइड की विषाक्तता का निवारण करते हैं। किन्तु, कोबाल्ट के यह लवण स्वयं ही अत्यंत घातक होते हैं, अतः नैदानिक निश्चितता के पश्चात् ही इन का प्रयोग करना चाहिये।

इन सब के अतिरिक्त विटामिन बी–12 (हाइड्रॉक्सीकोबालामीन) को भी हाइड्रोजन सायनाइड की आविषालुता के उपचार में प्रयुक्त किया जाता है। विटामिन बी–12 सायनाइड से क्रिया कर हानि रहित सायनोकोबालामीन में परिवर्तित होकर मूत्र मार्ग से शरीर के बाहर उत्सर्जित हो जाता है। हाइड्रॉक्सीकोबालामीन, मेटहीमोग्लोबिन के विपरीत परिसंचरण तंत्र तथा कोशिका द्रव्य दोनों के भीतर घुसकर सायनाइड की विषाक्तता को रोकता है।

कुत्तों में सायनाइड की आविषालुता को रोकने के लिये डाइमिथाइल अमीनोफिनोल (डीएमएपी) का एक इन्जेक्शन 5 मिग्रा प्रति किलो पशु भार की दर से या हाइड्रॉक्सिलअमीन हाइड्रोक्लोरीन का एक इन्जेक्शन 50 मिग्रा प्रति किलो पशु भार की दर से मांसपेशियों में लगाते हैं।

नोटः हाइड्रोजन सायनाइड के उपचार में प्रयुक्त होने वाले पदार्थ जैसे सोडियम नाइट्राइट एवं कोबाल्ट लवण स्वयं भी पशु को हानि पहुँचाते हैं, अतः इनका प्रयोग नैदानिक निश्चितता के पश्चात् एवं पशु–चिकित्सक की देखरेख में ही करना चाहिये।

रोकथामः सायनाइड की आविषालुता को निम्नलिखित प्रकार से कम किया जा सकता है–

- पशुओं को दुर्बल, कुचला एवं मुरझाया हुआ चारा विशेषकर ज्वार न खिला कर।
- सायनाइड विषाक्तता कारक चारे को खिलाने से पहले उनमें सायनाइड की मात्रा का परीक्षण कर।
- चारे से पहले पशु को भूसा आदि खिलाकर।
- ग्रीष्म ऋतु के अंत एवं वर्षा ऋतु के प्रारम्भ के समय काल (जून अंत एवं जुलाई आरम्भ) में चारे में सायनाइड की मात्रा सर्वाधिक होती है। अतः इस काल में सायनाइड की आविषालुता करने वाले हरे चारे में पशु को खिलाने से पहले सायनाइड की विद्यमतता का निदान कर।
- ज्वार के पौधे जब तक कम से कम 2 फीट की लम्बाई के न हो जायें तब तक उन्हें चारे के रूप में प्रयुक्त न कर।
- पशु को सल्फर युक्त लवणों को खिलाकर।

संदर्भ

सिंह, जे.डी. (1982). दि लीथलिटी एंड टिरैटोजिनीसिटी ऑफ पोटैशियम सायनाइड इन दि रैट, टिरैटोलॉजी, 25: 84।

शुल्ज, वी. बोन, आर. एवं किन्डलर, जे. (1979). काइनेटिक्स ऑफ एलीमिनेसन ऑफ थायोसाइनेट इन सेवन हेल्दी सब्जेक्टस एंड एट सबजेक्टस विद रीनल फेलयोर. किल्न वोचेंन्सचर, 57: 243–247।

बैलेन्टाइन, बी. (1987). टॉक्सिकोलॉजी ऑफ सायनाइड्स क्लीनिकल एक्सपेरीमेंटल टॉक्सिकोलॉजी ऑफ सायनाइड्स पेज 41–126। वैलैन्टाइन, बी एंड मार्श, टी.सी. (एडीशन), राइट (ब्रिस्टाल)।

ब्रेको, के.टी. हमवर्ट, जे.क. टरप्लान, के.एल. लेहोटे, जे.एम. (1979). लैटिराइल इनटाक्सीकेसन, रिपोर्ट ऑन ए फैटल केस, न्यू इंग्लैण्ड जनरल ऑफ मेडीसिन, 300: 238–240।

ब्रिंक, एन.जी. कुहल, एफ.ए. फाल्कर्स, के. (1950). विटामिन बी–12 : दि आइडेन्टीफिकेशन ऑफ विटामिन बी–12 एज ए सायनो–कोबाल्ट कोर्डीनेशन कॉम्पलेक्स, साइंस, 112: 354।

बसकिन, एस.आई. विलकरसन, जी. अलेक्जेंडर, के. बिल्टस्टीन, ए.जी. (1987). कार्डियक इफैक्टस ऑफ सायनाइड, क्लीनिकल एक्सपेरीमेंटल टाक्सिकोलॉजी ऑफ सायनाइड. पेज 138–155. बैलेन्टाइन बी. एंड मार्श, टी.सी. (एडीशन), राइट (ब्रिस्टाल)।

क्लार्क, सी.जे. कैंपबेल, डी. रीड, डब्लू.एच. (1983). ब्लड कार्बोक्सी हीमोग्लोबिन एंड सायनाइड लेब्लस इन फायर सर्बीबोरस. लैंसेट, पेज 1332–1335।

डोहर्टी, एफ.ए. फम, वी. स्मिथ, आर.पी. (1982). कान्जिनाइटल मैलफार्मेशन इन्डयूज्ड बाई इन्फ्यूजन ऑफ सोडियम सायनाइड इन दि गोल्डन हैम्स्टर. टाक्सिकोलॉजी ऑफ एप्लाइड फॉर्मेकोलॉजी, 64: 456–464।

पार्क, डी.वी. (1974). दि बायोकैमिस्ट्री ऑफ फारेन कम्बाइन्ड, पर्गामोम प्रेस, आक्सफोर्ड।

□□□

अध्याय 2

पादप जनित प्रकाश सुग्राहिता

प्रकाश सुग्राहिता गोपशु, भेड़, बकरी, अश्व, मुर्गियों तथा मनुष्यों में होने वाला रोग है। रोग में शरीर के भीतर प्रकाश सक्रिय पदार्थ अधिक मात्रा में एकत्र हो जाते हैं, जिससे पशु की त्वचा सूर्य की रोशनी तथा पराबैंगनी किरणों के लिये अति संवेदनशील हो जाती है। यह प्रभाव शरीर के हल्के रंग वाले स्थानों जैसे–चेहरा, पीठ, अयन, थन, वृषण की त्वचा तथा कार्निया पर अधिक पड़ता है। शाकाहारी या सर्वाहारी पशुओं में रोग अधिक होता है। रोग की तीव्रता शरीर के भीतर प्रकाश सक्रिय पदार्थों की सांद्रता एवं सूर्य की रोशनी के संसर्ग काल पर निर्भर करती है।

कारणः रोग प्रकाश सक्रिय पदार्थों के आधार पर तीन–प्राथमिक, द्वितीयक एवं जन्मजात प्रकार का होता है। प्राथमिक प्रकाश सुग्राहिता का रोग उन पौधों को खाने से होता है, जिनमें प्रकाश सक्रिय पदार्थ या तो पहले से ही विद्यमान होते हैं या उनके पाचन एवं उपापचय द्वारा ऐसे पदार्थों की उत्पत्ति होती है। प्राथमिक प्रकाश सुग्राहिता करने वाले कुछ पदार्थ तथा इन पदार्थों को उत्पन्न करने वाले पौधे निम्न हैं – हायप्रीसिन– *हायप्रीकम परफोरेटम* (सेंट जोंस वार्ट), *इरियोगोनम स्पीशीज* (वाइल्ड वकवीट), फैगोप्रिन– *फैगोपाइरम इस्कुलियन्टम, फैगो. सैजीटेटम, पालीगोनम पर्सीकेरिया,*फ्यूरोकुमैरिन्स / सोरालिन्स – अम्बलीफेरी एवं रूटेसी परिवार के पौधे, परलोलीन–*लोलियम परनी, कूपेरिया पिडन्कुलाटा* (रेनलिली)। *अम्मी मेजस, अ. विस्नागा* मुर्गियों में, तथा *अम्मी मेजस, अ. विस्नागा, सायमोप्टेरिस वैटसोनी* (स्प्रिंग पारस्ले), *सायमो. लांगाइपस* (बिशप वीड) एवं

चित्र 6 : पंचफूल बूटी का पौधा

चित्र 7 : पंचफूल बूटी के अपरिपक्व बीज

थायमनोस्मा टैक्साना ; डचमैन ब्रिचिज) गोपशु तथा भेड़ में रोग करते हैं। इसके अतिरिक्त फीनोथायाजीन (कृमिनाशक), सल्फोनेमाइड्स एवं टेट्रासाइक्लीन (प्रतिजैविक), कोल व्युत्पन्न, रोज बंगाल एवं एक्रिडीन डाई भी प्राथमिक प्रकाश सुग्राहिता उत्पन्न करते हैं।

उपर्युक्त वर्णित प्रकाश सक्रिय पदार्थो में हायप्रीसिन जनित सुग्राहिता सर्वाधिक देखने को मिलती है। हायप्रीसिन सेंट जोंस वार्ट नामक पौधे से मिलता है। यह एक द्विवार्षिक पौधा है जो खरपतवार के रूप में चारागाहों में उगता है। पौधे के तने के आधार से निकलकर भूमिगत तरीके से बढ़ने वाला भाग (रनर) पशुओं में रोग करता है। गोपशु में शरीर के एक प्रतिशत तथा भेड़ों में 4 प्रतिशत भाग के बराबर पौधे को खा लेने पर रोग होता है। पौधे को खा लेने के पश्चात् आंत्र में अवशोषित होकर हायप्रीसिन रक्त द्वारा त्वचा में पहुँचकर रोग करता है। खाने के 2 दिन से लेकर 3 सप्ताह के भीतर रोग के लक्षण प्रकट होने लगते हैं। पशु में गैंग्रीन/कोथ होता है। चेहरे की त्वचा झुलस जाती है। तीव्र पीड़ा होती है। द्वितीयक जीवाणु आक्रमण करते हैं। पशु भूख से मरने लगता है। बचने वाले पशु में त्वचा पर रोमविहीन पपड़ी जम जाती है जो सूखकर झड़ जाती है।

रासायनिक रूप में हायप्रीसिन नैप्थोडाइएन्थ्रोन व्युत्पन्न है। वर्तमान समय में इसे पादप जनित कैंसररोधी, टयूमरनाशक, प्रतिअवसादी (एंटीडिप्रेशन) एवं प्रति विषाणु (एंटीवायरल) औषधियों के निर्माण में प्रयुक्त किया जाता है (कुबिन एट अल, 2005)। हायप्रीसिन की अर्धआयु 2 घंटा तथा उत्सर्जन अर्धआयु 38.5 घंटा है (लाइबस एट अल, 1991)। यह माइट्रोकान्ड्रिया में सक्सिनाक्सीडेज नामक एन्जाइम के कार्य को रोक देता है, जिससे एकल ऑक्सीजन की उत्पत्ति होती है। एकल ऑक्सीजन पशुओं में प्रकाश सुग्राहिता उत्पन्न करती है (थामस एट अल, 1992)।

द्वितीयक प्रकाश सुग्राहिताः इसे यकृत जनित प्रकाश सुग्राहिता भी कहते हैं। रोग यकृत में क्षति एवं पित्तवाहिनियों में अवरोध से होता है। यकृत में क्षति पहुँचाकर रोग करने वाले प्रमुख पौधे हैं–*लेन्टाना कमारा* (पंचफूल बूटी कुरी, फुलकरी जरायन), *अगेव लीकीकुला* (लीक्यूकुला), *नोलीना टैक्साना* (सक्यूस्ठा), *ट्राइबुलस टेरिस्ट्रस* (पंक्चरवाइन), *कोचिया स्कोपारिया* (कोचिया), *पैनिकम कोलोरेटम* (किलनग्रास), *हैलियोट्रापियम स्पशीज* (टर्नसोल), *फिल्लैनथस एबनार्मिस* (एवनार्मल लीफ फ्लावर)। शाकाहारी एवं हरा चारा खाने वाले पशुओं में इस प्रकार की सुग्राहिता अपेक्षाकृत अधिक होती है। यकृत में क्षति या पित्तवाहिनियों में अवरोध होने पर रोमंथी पशुओं की रोमंथिका में सूक्ष्म जीवों द्वारा क्लोरोफिल के पाचन से बना फाइलोऐरिथ्रिन नामक अवयव, पित्त के साथ उत्सर्जित न होकर शरीर में ही एकत्र होता रहता है। फाइलोऐरिथ्रिन एक प्रकाश सक्रिय पदार्थ है, जो कि प्रकाश की ऊर्जा को अवशोषित एवं स्वतंत्र कर प्रकाश सुग्राहिता करता है।

उपर्युक्त यकृत को क्षति पहुँचाने वाले पौधों में पंचफूल बूटी नामक पौधा सर्वाधिक विषाक्तता उत्पन्न करता है। यह एक सुन्दर फूल वाला, बहुवार्षिक पौधा है, जो विश्व के

चित्र 8 : पंचफूल बूटी के पुष्प

सभी उष्णकटिबन्ध एवं अधोउष्णकटिबंधीय भागों में खरपतवार के रूप में सड़क, रेल के किनारे, जंगलों में, बंजर भूमि पर उगता है। पौधे की पत्तियाँ विपरीत दिशा में लगी होती हैं तथा शाखाओं के शीर्ष पर गुच्छों में लाल से लेकर पीले रंग के फूल खिलते हैं। अप्रिय गंध एवं अरूचिकर स्वाद होने के कारण प्रायः पशु इस पौधे को नहीं खाते हैं। किन्तु सूखा पड़ने, हरा चारा न होने या कम आयु के पशुओं द्वारा अज्ञानता वश खा लेने पर रोमंथी पशुओं में रोग होता है। रोमंथी पशुओं के अतिरिक्त यह पौधा गिनीपिग, खरगोश एवं मादा चूहों में भी यकृत को क्षति पहुँचाता है (चित्र 6 से 8)।

इसके अतिरिक्त बूटी, चारे की पैदावार को भी कम कर कृषकों को हानि पहुँचाती है। पंचफूल बूटी में मिथाइलकुमैरिन, सैलिसिलिक अम्ल तथा लैंटाडीन ए. बी. सी एवं डी नामक विष होता है। इनमें से लैंटाडीन ए तथा बी विष पशुओं में रोग उत्पन्न करता है। इसके अतिरिक्त पेंटासायक्लिक ट्राइटरपीन अम्ल, अवनयित लैंटाडीन ए, डाइहाइड्रोलैंटाडीन ए, इटीरोजेनिन एवं ओलियोनोलिक नामक यौगिक भी होते हैं। इनमें से पेंटासायक्लिक ट्राइटरपीनायड को कैंसर रोधी, प्रतिजैविक, प्रति एड्स एवं जलनरोधी औषधि के रूप में विकसित करने के प्रयास किये जा रहे हैं (थामस एट अल, 1992)। बूटी के पत्तों से प्राप्त ट्रॉस–लैक्टोन टरपीन में थ्राम्बिन को नष्ट करने का गुण होता है। इस गुण के कारण इस यौगिक को औषधि के रूप में प्रयुक्त करने के भी प्रयास किये जा रहे हैं।

जन्मजात प्रकाश सुग्राहिताः इस प्रकार की सुग्राहिता पशुओं में कुछ एन्जाइम की कमी, एन्जाइम अनियमितता या शरीर की वाहक प्रोटीन में संरचनात्मक एवं कार्यात्मक परिवर्तनों के कारण होती है। उदाहरण के लिये कुछ पशुओं के लाल रूधिर कणिकाओं में कैटेलेज या ग्लूकोज–6 फास्फेट डिहाइड्रोजिनेज नामक एन्जाइम में अनियमितता आ जाने पर इन पशुओं में रक्त निर्माण की प्रक्रिया बाधित होती है। इस कारण से पशु के रक्त में प्रॉर्फिरिन की मात्रा बढ़ जाती है जिससे पशु सूर्य के प्रकाश को अति संवेदनशील हो जाता है। गोपशु, शूकर एवं बिल्ली में ऐसा ही रक्त निर्माण की प्रक्रिया के बाधित होने से जन्मजात प्रॉर्फिरीनता नामक रोग होता है जिसमें पशु प्रकाश को सुग्राही हो जाता है। इसी प्रकार साउथडाउन भेड़ में फाइलोऐरिथ्रिन का शरीर से पूर्ण उत्सर्जन नहीं हो पाता है। अतः इन भेड़ों के हरा चारा खाने या सूर्य के प्रकाश के संसर्ग में आने पर प्रकाश सुग्राहिता होती है, जिससे कुछ सप्ताह में इनकी मृत्यु हो जाती है। इस कारण से इन भेड़ों को हरा चारा नहीं खिलाते हैं तथा सूर्य की रोशनी से बचाकर रखते हैं।

क्रियाविधिः शरीर के भीतर परिसंचरण तंत्र में विचरित प्रकाश सक्रिय पदार्थ सूर्य की रोशनी से ऊर्जा अवशोषित कर अपनी उच्च कक्षा में पहुँच जाते हैं। जब यह पदार्थ पुनः

अपनी सामान्य अवस्था में वापस लौटते हैं तब इस अवशोषित अतिरिक्त ऊर्जा को उत्सर्जित करते हैं। इस अतिरिक्त उत्सर्जित ऊर्जा के प्रभाव में मास्ट कोशिकायें हिस्टामीन का स्राव करती है जिससे खुजली एवं जलन होती है। त्वचा में शोफ होता है। स्थानीय कोशिकायें मृत हो जाती हैं, जिससे सतह पर त्वचा की परत उखड़ने लगती है। इसके अतिरिक्त प्रकाश सक्रिय पदार्थ सीधे न्यूक्लिक अम्लों तथा पाइरीमिडीन से क्रिया कर डी.एन.ए. के निर्माण में बाधा उत्पन्न करते हैं। जिससे कोशिकाओं की मृत्यु होने लगती है।

द्वितीयक प्रकाश सुग्राहिता उत्पन्न करने वाले पदार्थ यकृत की कोशिकाओं में केन्द्रक को नष्ट कर क्षति पहुँचाते हैं। इस के अतिरिक्त यह पदार्थ वृक्क एवं फेफड़ों की एपीथिलियल कोशिकाओं को भी क्षति पहुँचाते हैं। इनमें से कुछ पदार्थ डी.एन.ए. के तंतुओं को आपस में अनियमित तरीके से जोड़ देते हैं। इसके अतिरिक्त यह डी.एन.ए. को न्यूक्लियोप्रोटीन जैसे एक्टिन से भी जोड़ते हैं। इन संरचनात्मक विकृतियों के फलस्वरूप कोशिकाओं में अलैंगिक प्रजनन की प्रक्रिया बाधित हो जाती है जिससे नयी कोशिकाओं का निर्माण नहीं होने से अंगों में संरचनात्मक एवं कार्यात्मक विकृति आ जाती है।

• **रोग को संवेदनशील पशु**: गोपशु, अश्व, शूकर एवं हिरन रोग के प्रति अधिक सुग्राही होते हैं। भेड़ एवं बकरी में रोग प्रायः कम होता है। अल्प आयु के पशु रोग को अधिक सुग्राही होते हैं। शाकाहारी या सर्वाहारी पशुओं में रोग अधिक होता है। रोग में लक्षणों की तीव्रता शरीर के भीतर प्रकाश सक्रिय पदार्थों की सांद्रता एवं सूर्य की रोशनी के संसर्ग काल पर निर्भर करती है। लेन्टाना पौधे को 3 मिलीग्राम प्रति किलोग्राम पशु भार की दर से एक बार खा लेने पर विषाक्तता के लक्षण प्रकट होने लगते हैं। पशु को भूख नहीं लगती है। पशु चारा खाना तथा पानी पीना छोड़ देता है। पीलिया होता है। मुँह के चारों तरफ लालिमा छा जाती है। यकृत में क्षति के कारण अतिसार या मलबधता होती है। ऐसे पशुओं को सूर्य की रोशनी से बचाकर छाया में रखा जाता है।

रोग के लक्षणः लक्षणों के आधार पर रोग तीव्र, कम तीव्र एवं चिरकालिक प्रकार का होता है। *तीव्र प्रकार* का रोग प्रायः कम ही देखने को मिलता है, किन्तु विषाक्तता करने वाले पौधों को अधिक मात्रा में खा लेने पर 3 से 4 दिनों के भीतर ही रोग के लक्षण प्रकट होने लगते हैं। प्रभावित पशु की मृत्यु नहीं होती है, किन्तु, पशु का वजन घटने लगता है। अयन में क्षति होती है। पशु बछड़ों को दूध नहीं पिलाता है। यकृत में क्षति से पीलिया, अतिसार या मलबधता होती है। त्वचा उखड़ने लगती है। पशु द्वितीयक जीवाणुओं के संक्रमण को अधिक सुग्राही हो जाता है।

कम तीव्र प्रकार के रोग में लक्षण प्रायः 1 से 3 सप्ताह में प्रकट होते हैं। पशु का वजन कम होने लगता है। त्वचा उखड़ने लगती है। उखड़ी हुयी त्वचा पर द्वितीयक जीवाणु तथा ब्लोफ्लाई के लार्वा का संक्रमण होने पर रोग की घातकता बढ़ जाती है। बुरी तरह से प्रभावित पशु के मुँह, जिहवा एवं मसूड़ों पर घाव/अल्सर बन जाते हैं। नासिका मार्ग की

श्लेष्मल सूजकर कड़ी हो जाती है। कहीं–कहीं पर यह श्लेष्मल उखड़ भी जाती है। मुँह के चारों तरफ की त्वचा भी उखड़ने लगती है। *चिरकालिक* प्रकार का रोग बार–बार तथा कम मात्रा में प्रकाश सक्रिय पदार्थों से युक्त पौधों को खाने से होता है। रोग के लक्षण पौधों को खाने के काफी समय बाद प्रकट होते हैं। इस प्रकार के रोग में विषैले पायरोल एक कोशिका को मृत करने के पश्चात् स्वतंत्र होकर पुनः दूसरी कोशिका में प्रवेश कर क्षति प्रारम्भ कर देते हैं। इस प्रकार कम मात्रा में भी विषैले पायरोल होने पर यह रिले विधि द्वारा एक से दूसरी कोशिका में पहुँचकर क्षति पहुँचाना जारी रखते हैं। प्रभावित पशु उदास रहता है। भूख नहीं लगती है। मलबधता होती है। पशु बार–बार मूत्र त्यागता है।

रोमंथी पशुओं में विषाक्तता होने पर भूख नहीं लगती है। पशु उदास रहता है। मलबधता या अतिसार होता है। गोबर में रक्त आता है। कभी–कभी मलाशय मलद्वार से बाहर निकल आता है। त्वचा में शोफ होता है। यकृत में क्षति होने से पीलिया होता है। पशु उद्देश्य विहीन होकर भटकता है। सिर को इधर–उधर पटकता है। लड़खड़ाता है तथा पास जाने पर मारने को दौड़ता है। धीरे–धीरे पशु कमजोर होता जाता है। घूमना–फिरना बंद कर देता है। पेट के बल पड़ा रहता है तथा इस प्रकार उसकी मृत्यु हो जाती है। भेड़ में कार्निया पर सफेदी आ जाती है। इस से भेड़ अंधी हो जाती हैं। जबड़ों के बीच शोफ होता है। सिर आकार में बड़ा दिखता है।

अश्वों में उपरोक्त लक्षणों के अतिरिक्त मुँह की श्लेष्मल में जलन होती है। मस्तिष्क में भी जलन होती है। *मुर्गियों* में खाने के काफी अंतराल के पश्चात् भी सूर्य की रोशनी में आने पर एकाएक शीघ्रता से लक्षण प्रकट होते हैं। वयस्क पक्षियों में चोंच के चारों तरफ की त्वचा में लालिमा छा जाती है तथा छोटे–छोटे दाने पड़ जाते हैं। तत्पश्चात् मोटी पपड़ी जम जाती है। पपड़ी के उखड़ने पर घाव बन जाते हैं। आंखों में लालिमा छाई रहती है। आंसू गिरते हैं। सूर्य की रोशनी में आने पर आंखें नहीं खुलती हैं। त्वचा के क्षत स्थानों पर खुजली होती है। आंखों में आंसू के सूखने पर पलकें चिपक जाती हैं। चूजों में ऊपर की चोंच मुड़ जाती है। पैर टेढ़े पड़ जाते हैं। कलंगी तथा दाढ़ा झड़ जाते हैं। आंखों के चारों ओर पपड़ी जम जाती है। बत्तखों में आंखों से सम्बन्धित लक्षण अधिक तीव्रता से प्रकट होते हैं।

विषाक्तता का निदानः विषाक्तता का निदान निम्नलिखित प्रकार से किया जा सकता है–

- रोगी पशु के खान–पान से सम्बन्धित जानकारी प्राप्त कर।
- लक्षणों के आधार पर।
- *शव परीक्षण द्वाराः* मृत पशु का शरीर जीर्ण–शीर्ण होता है। शरीर में पानी की कमी दिखायी देती है। दृश्य श्लेष्मल पीली होती हैं। त्वचा शुष्क एवं रूखी–सूखी होती

है। हल्के रंग वाले तथा नाजुक स्थानों की त्वचा उखड़ी हुई होती है। आंख के चारों तरफ, मुँह, क़ान तथा अन्य स्थानों पर मृत त्वचा के चकत्ते मिलते हैं। यकृत का आकार बढ़ जाता है। किनारे पतले होते हैं। भीतर रक्त का रिसाव मिलता है। मृत कोशिकाओं के समूह मिलते हैं। पित्ताशय में पित्त भरा हुआ होता है। छोटी–छोटी नई बनी हुई पित्त वाहिनियाँ मिलती हैं। गोपशुओं के यकृत में तंतुमयता तथा गांठे मिलती हैं। शूकरों में फेफड़ों में रक्त स्राव, तंतुमयता, एपिथिलियलाइजेशन, वातस्फीति (एम्फाइसीमा) की निशानदेही मिलती है। वृक्कों में क्षरण के निशान तथा काचाभ (हायलिन) के टुकड़े मिलते हैं।

- अन्य समान लक्षण वाले रोगों जैसे कॉपर जनित विषाक्तता, ऐफ्ला आविषालुता, चिरकारी फैसिओलता आदि से विभेदीकृत पहचान कर।
- सीरम में ग्लूटामेट डिहाइड्रोजेनेज़, गामा ग्लूटामाइल ट्रांशपेप्टीडेज तथा गामा ग्लूटामाइल ट्रांशफेरेस एन्जाइम का परीक्षण कर।

उपचारः प्रकाश सुग्राहिता का विशिष्ट उपचार नहीं होता है। एक बार प्रकाश सक्रिय पदार्थों को खा लेने के पश्चात् लक्षणों का प्रकट होना सुनिश्चित है। लक्षणों से प्रारम्भिक स्तर पर विषाक्तता का निदान कर उपचार द्वारा लक्षणों की तीव्रता तथा रोग की भयावहता को कम किया जा सकता है। प्रारम्भिक लक्षणों से निदान कर लेने के पश्चात् पशु के चरने पर रोक लगा दें। पशु को छाया में सूर्य की रोशनी से बचाकर रखें। त्वचा के उखड़े हुये स्थानों पर 2 प्रतिशत मेथिलीन ब्लू या किसी अन्य विषरहित जल में घुलनशील डाई का लेप करते हैं। यह डाई सूर्य की किरणों से पशु को बचाती है। द्वितीयक जीवाणुओं के संक्रमण को रोकने के लिये प्रतिजैविक, एलर्जी को रोकने के लिये प्रतिहिस्टामिन तथा जलन को रोकने के लिये कार्टिकोस्टेरॉयड का प्रयोग करते हैं। पशु के भोजन में प्रोटीन की मात्रा कम तथा कार्बोहाइड्रेट एवं रेशेदार चारे की मात्रा अधिक रखते हैं। अश्वों में मेथियोनीन को 10 प्रतिशत डेक्स्ट्रोस समतानी के साथ शिरा में चढ़ाने पर लाभ मिलता है।

लेन्टाना की विषाक्तता के उपचार में रोमंथिका से खा लिए हुये पौधे को तथा रोमंथिका के द्रव को बाहर निकालकर नवीन द्रव को डालते हैं। इसके अतिरिक्त भेड़ो में सक्रिय चारकोल की 500 ग्राम मात्रा को 4 लीटर इलेक्ट्रोलाइट तथा गोपशु में 2.5 किग्रा मात्रा को 20 लीटर इलेक्ट्रोलाइट के साथ देने पर लाभ होता है। इस उपचार को विष के अवशोषण से पहले ही प्रारम्भ कर देना चाहिये। सक्रिय चारकोल के न मिलने पर बेन्टोनाइट को 5 मिग्रा प्रति किलोग्राम पशु भार की दर पर प्रयुक्त किया जा सकता है।

रोग निवारणः विषाक्तता की रोकथाम निम्नलिखित प्रकार से की जा सकती है –

- विषकारी खरपतवार को वार्षिक स्तर पर खरपतवारनाशक द्वारा नष्ट कर।

- विषैले पौधों को जलाकर नष्ट कर तथा जले हुये स्थानों पर अन्य पौधों को रोपकर।
- लेन्टाना के पौधों को परभक्षी माथ, बीटल, मक्खी, आदि द्वारा नष्ट कर। बीजों को खाने वाली मक्खी *(ओफियोमिया लैंटानी)* एक छोटी काले रंग की मक्खी होती है जो कि लेन्टाना के फूलों को खाती है तथा हरे बीजों पर अंडे देती है। इस मक्खी के लार्वा बीजों को खा लेते हैं। इस प्रकार यह मक्खी लेन्टाना के पौधों के पुर्नउत्पादन को बाधित कर रोग को कम कर देती है।

संदर्भ

कुबिन, ए. वीरानी, एफ. बर्नर, यू. अल्थ, जी. ग्रुनबर्गर, डब्लू. (2005). हाइप्रीसीन–द फैक्ट्स एवाउट अ कन्ट्रोवर्सियल एजेंट. करेंट फर्मेस्यूटिकल डिजायन, 11: 233–253।

लाइबस, एल. माजुर, वाई. फ्रीमैन, डी. लावी, जी. कुडलर, एन. एट अल. (1991). अ मेथड फार दि क्वांटीटेशन आफ हाइप्रीसिन, एन एंटीवाइरल एजेंट इन बायोलाजिकल फ्लूड्स बाई हाइ–परफारमेंश लिक्वड क्रोमैटोग्राफी. एनल बायोकैम, 195(1): 77–85।

थामस, सी. मैकगिल, आर.एस. मिलर, जी.सी. पार्धिनी, आर.एस. (1992). फोटो–एक्टीवेशन आफ हाइप्रीसिन जनरेट्स सिंगलेट ऑक्सीजन इन माइट्रोकॉड्रिया इंड इन्हविट्स सक्सीनोक्सीडेज, फोटोकैम. फोटोबायोल, 55(1): 47–53।

❑❑❑

अध्याय 3

धतूरा जनित आविषालुता

धतूरा पगडंडी, सड़क के किनारे, खलियान, भुसौरा एवं अन्य खाली स्थानों पर उगने वाला एक वार्षिक देशीय पौधा है, जो कि 3 से 4 फिट तक लम्बा होता है। इस पौधे का तना हल्के पीले–हरे रंग का एवं शाखायें फैली हुई होती हैं। पत्ते 3 से 8 इंच तक की लम्बाई में तिकोने अंडाकार एवं खुरदरे किनारे वाले तथा बैंगनी चमक लिये हरे रंग के होते हैं। फूल नीले या सफेद, बड़े आकार के एवं पाँच पत्तों वाले होते हैं। फल गोल, मुलायम एवं गांठनुमा होते हैं। फलों की सतह पर काँटे निकले रहते हैं। इस कारण से ही इसे *"काँटे वाला सेब"* भी कहते हैं। भारतवर्ष में सृष्टि का संहार करने वाले देव, शिवजी की आराधना के समय इस फल को चढ़ाने के कारण इन्हें *"शिवजी का फल "* भी कहते हैं। पकने पर फल चार भागों में टूट जाता है तथा बड़ी संख्या में बीज पौधे के आस–पास बिखर जाते हैं। भारतवर्ष के अतिरिक्त यह पौधा एशिया महाद्वीप के अन्य देशों, अफ्रीका, अमेरिका एवं आस्ट्रेलिया के मैदानी भागों में पाया जाता है। धतूरे को विदेशों में *"जेम्स वीड़"* भी कहते हैं। इस का यह नाम 'जेम्स' नामक कस्बे में सैनिकों द्वारा इस पौधे के फल को सलाद के रूप में खाने के कारण पड़ा। फल को खाने से कुछ सैनिक प्रमाद की अवस्था में आ गये तथा कुछ को दृष्टिभ्रम एवं मतिभ्रम हो गया (चित्र 9 से 10)।

चित्र 9 : धतूरा का पौधा एवं फूल

पौधे का प्रत्येक भाग भारी नशा देने वाला, सुन्न करने वाला तथा काम वासना को तेज करने वाला होता है। यह दौरे को रोकता है तथा दर्द में राहत देता है। इन गुणों के कारण ही प्राचीन समय में लोग इसे पागलपन को ठीक करने एवं मिरगी के उपचार के लिये प्रयोग करते थे। इस के अतिरिक्त इस पौधे को जले भाग एवं गठिया पर लेप लगाने के लिये भी प्रयोग

चित्र 10 : धतूरा का फल

किया जाता था। कुछ शताब्दी पहले तक इस पौधे का उपयोग दमा के उपचार में भी किया जाता था। भारी नशा देने के कारण यात्रियों को लूटने एवं मारने के लिये इस पौधे का दुरुप्रयोग भी किया जाता रहा है। पौधे के स्वास्थ्य पर अत्यंत घातक प्रभाव को देखते हुये आजकल की चिकित्सीय प्रणाली के उपचारों में इसका प्रयोग नहीं किया जाता है।

विषाक्तता को संवेदनशील पशुः कुत्ता, बिल्ली एवं शूकर विषाक्तता को अधिक सुग्राही होते हैं। गोपशु, भैंस, भेड़ एवं बकरी में भी विषाक्तता होती है। खरगोश के यकृत में एट्रोपीनेज (एस्टरेज) एन्जाइम द्वारा एट्रोपीन को निष्क्रिय कर देने के कारण प्रायः खरगोश में विषाक्तता नहीं होती है।

शरीर क्रिया विधिः धतूरे का तना, पत्ती, फूल, फल सहित प्रत्येक भाग मनुष्य, पालतू पशु एवं पक्षियों में विषाक्तता उत्पन्न करता है। यहाँ तक कि इस पौधे के मकरंद में भी विषैला ऐल्केलॉयड होता है जो कि मधुमक्खियों द्वारा चूसने पर उनके शहद को संदूषित कर देता है (कूपर एवं जोहान्सन, 1984)। पौधे की गंध तीक्ष्ण एवं अप्रिय तथा स्वाद अरूचिकर होता है। इस कारण से प्रायः पशु इसका सेवन नहीं करते हैं। किन्तु, चारे की अनुउपलब्धता की अवस्था में या धतूरे के पौधे की पत्तियों, फल या बीज द्वारा चारे के संदूषित हो जाने से, इस पौधे के सेवन से पशु में विषाक्तता उत्पन्न होती है।

पौधे के पत्ते, फल तथा फूल में ट्रोपेन नामक ऐल्केलॉयडस होते हैं। यह ऐल्केलॉयड ही पशु में विषाक्तता करते हैं। पौधों में इन ऐल्केलॉयडस की मात्रा 0.25 से लेकर 0.7 प्रतिशत तक होती है। इन ऐल्केलॉयड में प्रमुख हैं–डैटुरीन ($C_{17}H_{34}O_2$), ऐट्रोपीन या हायोसायमीन ($C_{17}H_{23}NO_3$) एवं हायोसीन ($C_{17}H_{17}NO_4$)। ऐट्रोपीन को 120 से 130^0c पर घंटों गर्म करने पर एक अन्य ऐल्केलॉयड बेलाडोनीन ($C_{17}H_{21}NO_2$) बनता है। ऐट्रोपीन से क्रिया कर नाइट्रिक अम्ल ऐट्रोपामीन बनाता है (वाट एट अल, 1962)। धतूरे के सूखे हुये पौधे में 0.15 प्रतिशत तक हायोसायमीन तथा 0.16 प्रतिशत तक हायोसीन या 0.11 प्रतिशत तक केवल हायोसीन होता है (नौडे एट अल, 2005)। पौधे के अंदर ये ऐल्केलॉयडस या तो सोडियम, पौटैशियम या मैग्नीशियम के साथ लवण बनाकर रहते हैं या पौधे के क्लोरोफिल, गोंद एवं वैक्स के साथ जुड़े हुये होते हैं।

ट्रोपेन ऐल्केलॉयडस, त्वचा तथा श्लेष्मल में आसानी से अवशोषित हो जाते हैं। इसके अतिरिक्त खा लेने पर यह शीघ्रतापूर्वक शरीर के अंदर अवशोषित होकर रक्त में पहुँच जाते हैं। शरीर के भीतर इनकी अर्ध–आयु अत्यंत कम होती है। यहाँ पर यकृत एवं प्लाज्मा के एस्टरेज एन्जाइम इन को तेजी से ट्रोपिक अम्ल, ट्रोपीन या ट्रोपिक अम्ल के एस्टर में तोड़ देते हैं। अब यह ग्लूकुरानिक अम्ल से संयुक्त हो कर ग्लूकुरोनायड बनाते हैं। यह ग्लूकुरोनायड आसानी से पित्त तथा मूत्र में शरीर के बाहर उत्सर्जित कर दिये जाते हैं।

इन ट्रोपेन ऐल्केलॉयडस में से ऐट्रोपीन आसानी से रक्त–मस्तिष्क अवरोध को पार कर केन्द्रीय तंत्रिका तंत्र से सम्बन्धित लक्षण उत्पन्न करता है। यह वेगस तंत्रिका के मार्ग को

अवरूद्ध कर देता है, जिससे हृदय की गति बढ़ जाती है तथा हृदय की वैद्युत तरंगे (QRS का बढ़ना, QT का बढ़ना) अव्यवस्थित हो जाती हैं।

विषाक्तता: ट्रोपेन ऐल्केलॉयडस नशा देते हैं तथा अधिकता में शरीर में विषाक्तता उत्पन्न करते हैं। ये ऐल्केलॉयड विशेषकर मस्कैरिनिक कोलीनर्जिक रिसेप्टर के पास परानुकंपी (परा सिम्पैथिटिक) तंत्रिका तंत्र की तंत्रिकाओं में संवेदनाओं के प्रवाह को रोक देते हैं। यहां पर यह ऐल्केलॉयड ऐसिटिलकोलीन से प्रतिद्वन्दिता कर स्वयं तेजी से मस्कैरिनिक रिसेप्टर से चिपक जाते हैं। इससे एसिटिलकोलीन इन रिसेप्टर से नहीं बंध पाती है, और परानुकंपी (परासिम्पैथिटिक) तंत्र की तंत्रिकाओं में तरंगों का संचार रूक जाता है। शरीर के विभिन्न अंगों में मस्कैरिनिक एसिटिलकोलीन रिसेप्टर की विशिष्टता एवं चयनीकरण के हिसाब से ये ऐल्केलॉयड अरेखित पेशियों, वहिःस्रावी ग्रंथियो, हृदय गति एवं श्वसन पर अलग–अलग तरह से प्रभाव डालते हैं। अत्याधिक मात्रा में होने पर यह स्वायत्त गंडिका (आटोनोमिक गैंगलिया) तथा तंत्रिकापेशी संगम (न्यूरोमस्कुलर जंक्शन) पर स्थिति निकोटिनिक रिसेप्टर को भी संरोध कर परानुकंपीलायी (परासिम्पैथोलाइटिक) कारक की तरह कार्य करते हैं।

लक्षण: लक्षणों का प्रकटीकरण विष की मात्रा तथा पशु प्रजाति पर निर्भर करता है। विषाक्तता की अवस्था में पुतली फैल जाती है। निकट की वस्तु ठीक से दिखायी नहीं देती है। दृष्टिभ्रम होता है। कभी–कभी पशु पूर्णरूप से अंधा हो जाता है। कानों में सीटी/घंटी सी बजती है। चेहरा संज्ञाशून्य हो जाता है। दिमाग सुन्न हो जाता है। सिर चकराता है। पशु प्रमाद की अवस्था में रहता है। कभी–कभी स्मरण शक्ति भी स्थायी रूप से समाप्त हो जाती है। प्रतिकोलीनधर्मी संलक्षण (प्रतिकोलीनर्जिक सिंड्रोम) में तीव्र ज्वर होता है। शरीर पर लाल धारियाँ पड़ती हैं। रक्तचाप बढ़ा हुआ रहता है। हृदय की धड़कन बढ़ जाती है। श्वासनाल फैल जाता है। पशु अप्रत्याशित व्यवहार करता है। पुतली फैलने से आँखे चुंधिया जाती हैं। मुँह तथा गला सूख जाता है। खाना चबाने तथा निगलने में कठिनाई होती है। जी मचलाता है। चेहरा सूजकर लाल हो जाता है। कभी–कभी उत्सर्गी अंगों में उत्तेजना होती है (वेस्ट एवं इम्मेल, 1960)।

गोपशु: एट्रोपीन एवं हायोसीन की क्रमशः 2.9 तथा 0.5 मिग्रा मात्रा प्रतिकिलो गोपशु भार की दर पर विषाक्तता उत्पन्न करती हैं (नीलसन एट अल, 1982)। लक्षण शीघ्रता एवं तीव्रता से प्रकट होते हैं। ऊपरी आहारतंत्र एवं श्वसनतंत्र की श्लेष्मल शुष्क हो जाती है। रोमंथिका गतिहीन हो जाती है। कब्ज रहता है। आँखों की पुतली फैल जाती है। हृदय गति बढ़ जाती है। शरीर का ताप सामान्य से कम हो जाता है। बैचनी बढ़ जाती है। पशु उत्तेजित रहता है। कार्यो में तारतम्यता का अभाव रहता है। दिल या दिमाग का दौरा पड़ता है। मिनटों से घंटों के अंदर दम घुटने से पशु की मृत्यु हो जाती है।

भेड़ एवं बकरीः पशु लड़खड़ाने लगता है। शरीर में कँपकँपी होती है। श्वांस तीव्र गति से चलती है। पशु एक करवट से पड़ा रहकर ऊँघता है। इस तरह ही पशु की मृत्यु हो जाती है। प्रायोगिक स्तर पर भेड़ को प्रतिदिन 10 ग्राम प्रतिकिलो पशु भार की दर से धतूरे के पत्ते एवं फल खिलाने पर भेड़ बीमार रहने लगती है तथा बीमारी की इस अवस्था में 38 दिनों के भीतर ही उसकी मृत्यु हो जाती है (अल डिरडीरी एट अल, 1981)। मृत पशु का शव विच्छेदन करने पर फेफड़ों में जकड़न, हृदय के फैलने एवं रक्त वहिःस्राव तथा वसीय यकृत के निशान मिलते हैं। वृक्क का प्रांतस्था (कार्टेक्स) पीला पड़ जाता है। अंतस्था (मेडुला) में रक्तस्राव तथा रीनल ट्यूब में मृत्योग्रसर के परिवर्तन दिखायी देते हैं।

अश्वः घोड़ों में विषाक्तता बहुत कम होती है। विषाक्तता होने पर पशु को भूख नहीं लगती है। श्वांस तेजी से चलती है। दस्त लगते है। पुतली फैल जाती है। तेज प्यास लगती है (चीक एट अल, 1985. बाइनवे एट अल, 2006)। शरीर का ताप सामान्य से बढ़ जाता है। हृदय तेजी से धड़कता है। मुँह, नाक, मल एवं भग की श्लेष्मल शुष्क हो जाती है। पेट फूलता है। आंत्र में वायु एकत्र होने लगती है। पशु मल–मूत्र को नहीं त्यागता है।

शूकरः शूकर विषाक्तता के लिये सर्वाधिक सुग्राही पशुओं में से एक है। धतूरे के ऐल्केलॉयड की मात्रा 2.2 मिग्रा प्रति किलो पशु भार से अधिक होने पर पशु में विषाक्तता के लक्षण प्रकट होते हैं। इन लक्षणों में से प्रमुख है–लड़खड़ा कर चलना, पुतली फैलना, जी मचलाना आदि (कीलर, 1981. चीक एवं शुल, 1985)। मृत पशु में कोई भी विशिष्ट निशान नहीं मिलता है। कुछ पशुओं के फेफड़ों में जकड़न, आंत्रीय एवं श्वसनीय श्लेष्मल में उत्तेजना एवं रक्तस्राव के निशान मिलते हैं।

निदानः विषाक्तता का निदान निम्नलिखित प्रकार से किया जा सकता है–

- पशु द्वारा धतूरा के पौधे या बीज खाने के विषय में जानकारी प्राप्त कर।
- पशु की रोमंथिका में धतूरा पौधे के विभिन्न भागों की बरामदगी कर।
- लक्षणों के आधार पर।
- पशु के आमाशय के खाने में या अन्य अंतरंग भागों से ट्रोपेन ऐल्केलॉयड को प्रथक कर तथा पहचान कर।
- कभी–कभी विषाक्तता से प्रभावित पशु के मूत्र की एक बूंद खरगोश या बिल्ली की एक आँख में डालने पर उस आँख की पुतली फैल जाती है। जानवर की यह आँख तीव्र रोशनी डालने पर भी सिकुड़ती नहीं है, जबकि दूसरी सामान्य आँख की पुतली तीव्र रोशनी में सिकुड़ जाती है।

उपचारः विषाक्तता के उपचार के लिये कोई भी विशिष्ट प्रतिकारक/प्रतिविष उपलब्ध नहीं है। इसी लिये सहायक उपचारों के माध्यम से ही विषाक्तता का उपचार करते

हैं। यदि पशु विषाक्तता की प्रारम्भिक अवस्था में होता है, तब उस के आमाशय को साफ करने के लिये पोटैशियम परमैंगनेट (1:1000) या तरलित टिंक्चर आयोडीन (1:250) का प्रयोग करते हैं। यह ऐल्केलॉयड के मूत्र में उत्सर्जन की गति को बढ़ा देता है। इसके अतिरिक्त ऐल्केलॉयड के उत्सर्जन को बढ़ाने के लिये 0.9% नार्मल समतानी में 5% मैनीथाल का प्रयोग कर पशु के मूत्र त्यागने की गति को बढ़ा सकते हैं। मूत्र में अम्लीकरण के द्वारा पुर्नअवशोषण को रोकने के लिये पशु को अमोनियम क्लोराइड की 100 मिग्रा मात्रा को प्रति किलो पशु भार की दर से दिन में दो बार खिलाते हैं। सक्रिय चारकोल (2 ग्राम प्रति किलो), टैनिक अम्ल (2 प्रतिशत जलीय घोल), परासरणीय कैथरैटिक का प्रयोग करने पर आंत्रीय अवशोषण को कम किया जा सकता है।

कोलीनलायी (कोलीनोलिटिक) के प्रभाव को कम करने के लिये फाइसोस्टिगमीन पाइलोकार्पीन जैसे परानुकंपी अनुरागी (परा सिंम्पैथोमाइमिटिक) औषधियों को प्रयुक्त कर सकते हैं। उत्तेजना एवं मरोड़ (ऐंठन) को कम करने लिये बड़े पशुओं में फीनोबार्बिटल को 30 मिग्रा प्रति किलो पशु भार या क्लोरल हाइड्रेट (7 प्रतिशत) को प्रयुक्त करते हैं।

संदर्भ

बाइनेव, आर. वालचेव, आई. निकोलोव, जे. (2006). क्लीनिकल एंड पैथोलाजिकल स्टडीज ऑन इनटॉक्सीकेसन इन हार्सेज फ्राम फ्रेशली कट जिमसन वीड (*धतूरा स्ट्रामोनियम*)–कन्टैमिनेटिड मेज इन्टेंडिड फार इनसाइलिंग. जनरल ऑफ साउथ अफ्रीकन वेटेरेनरी एसोसियेसन, 77(4): 215–9।

वोलेंड, आर.एल. (1986). प्लांट्स एज ए सोर्स ऑफ विटामिन डी–3 मेटाबोलाइट्स, न्यूट्रीशन रिसर्च, 44: 1–7।

चीक, पी. आर. एवं शुल , एल. आर. (1985). नैचुरल टॉक्सीकेंट इन फीड्स एंड प्वाइजनस प्लांट्स, ए वी आई पब्लिशिंग कम्पनी, वेस्टपोर्ट यू.एस.ए. 492 पेज।

अलडिरडीरी, एन. आई. वास्फी, आई.ए. अडम, एस.ई. इड्स, जी.टी. (1981). टॉक्सीसिटी ऑफ *धतूरा स्ट्रामोनियम* टू शीप एंड गोट्स. वेटेरेनरी टॉक्सिकोलॉजी, 23: 241–246।

कीलर, आर.एफ. (1981). अवसेंस ऑफ आरथ्रोग्राइपोसिस इन न्यूबार्न हैंपशायर पिगस फ्राम शो इन्जेस्टिंग टाक्सिक लेवल्स ऑफ जिमसन वीड डयूरिंग जस्टेसन. वेटेरेनरी टॉक्सिकोलॉजी, 23: 413–415।

मेलो, जे.आर.बी. एवं हबरमहल, जी.जी. (1998). क्वालीटेटिव एंड क्वांटीटेटिव स्टडीज ऑन दि इफैक्ट ऑफ कैल्सिनोजिनिक प्लांट्स, 105: 25।

नौडे, टी.डब्लू. गरबर, आर. स्मिथ, आर.जे. बोथा, सी.जे. (2005). धतूरा कन्टैमिनेशन ऑफ हे एज दि सस्पैक्टिड कॉज ऑफ एन एक्सटेंसिव आउट ब्रैक ऑफ इम्पैक्सन कोलिक इन हार्सेज. जनरल ऑफ दि साउथ अफ्रीकन वेटेरेनरी एसोसियेसन, 76(2): 107–12।

निलसन, पी.डी. मरसर, एच.डी. एसिग, एच. डब्लू. मिनयार्ड, जे.पी. (1982). जिमसन वीड सीड टॉक्सीसिटी इन कैटल. वेटेरेनरी टॉक्सिकोलॉजी, 24: 321–324।

वाट, जे.एम. मारिया, जी. ब्रेयर, बी. (1962). दि मेडीसिनल एंड प्वाजिनस प्लांट्स ऑफ साउथर्न एंड ईस्टर्न अफ्रीका. ई.एंड एस लिविंगस्टोन, लंदन, 1457 पेज।

वेस्ट, ई. एवं इम्मेल, एम. डब्लू, (1960), प्लांट्स दैट प्वाइजन फार्म एनीमल्स, 55।

कूपर, एम. आर. एवं जोहान्सन, ए. डब्लू. (1984). प्वाइजनस प्लांट्स इन ब्रिटेन एण्ड दिअर इफैक्ट्स ऑन एनीमल्स एण्ड मैन. हर मैजेस्टीस स्टेशनरी ऑफिस, लंदन, इग्लैण्ड, पेज 305।

चीके, पी. आर. एवं शुल, एल. आर. (1985). नैचुरल टॉक्सीकैंटस इन फीड एण्ड प्वाइजिनस प्लांट्स, ए.वी.आई. पब्लिशिंग कम्पनी, वेस्टपोर्ट, यू.एस.ए. पेज 492।

□□□

अध्याय 4

कनेर जनित आविषालुता

चित्र 11 : सफेद कनेर का पौधा

चित्र 12 : पीला कनेर का पौधा

कनेर तेजी से बढ़ने वाली एक सदाबहार झाड़ी है, जो 4 मीटर तक लम्बी होती है। इसकी तीन प्रमुख प्रजातियाँ होती है। *नेरियम ओलिंडर* (सफेद कनेर), *थिवेटिया नेरीफोलिया* (पीला कनेर) एवं *नेरियम इंडिकम* (लाल कनेर)। इन पौधों को पर्वतीय एवं मैदानी भागों में सजावट के लिये पार्कों, बगीचों एवं सड़क के किनारे लगाया जाता है। पौधे की पत्तियाँ मोटी, मांसल, भाले के आकार की तथा चक्राकार ढंग से अंदर की ओर मुड़कर तने पर लगी हुई होती हैं। फूल प्रजाति के अनुसार सफेद (चित्र 11) पीले (चित्र 12) या लाल (चित्र 13) रंग के होते हैं। पौधे के सभी भाग, यहाँ तक की पत्तियों को तोड़ने पर निकलने वाला सफेद रस भी, मनुष्य एवं पशुओं में विषाक्तता उत्पन्न करते हैं। इन में प्रचुर मात्रा में हृदय पर जहरीला प्रभाव छोड़ने वाला ग्लाइकोसाइड होता है। जानबूझकर इस पौधे की एक पत्ती चबा लेने वाले मनुष्य के शरीर में इस एक पत्ती से इतना ग्लाइकोसाइड पहुँच जाता है, कि वह इसकी विषाक्तता के कारण मर जाये। धोखे से पौधे की 30–60 ग्राम पत्तियाँ खा लेने पर वयस्क गोपशु एवं अश्व की मृत्यु हो जाती है। पौधे को चरते समय अज्ञानवश खा लेने पर अश्व, गोपशु, भेड़, बकरी एवं अन्य पालतू पशुओं में तथा आत्महत्या के प्रयास में पौधे के पत्तों का काढ़ा या चाय बनाकर पीने वाले मनुष्यों में विषाक्तता के लक्षण प्रकट होते हैं (प्रोन्सजुक एवं लैबोर्ड, 1988. ब्लम एवं राइडर्स, 1987)। यहाँ तक कि इस पौधे को जलाने से उत्पन्न धुआं तक विषाक्तता करता है (शॉ एवं पर्न, 1979)। सफेद कनेर की पत्तियाँ 0.5 मिग्रा प्रति किलो पशु की दर से खा लेने पर विषाक्तता उत्पन्न करती हैं। अश्व में यह 26 मिग्रा प्रति किलो पशु भार तथा गोपशु में 45 मिग्रा प्रति किलो पशु भार की दर से विषाक्तता करती है (पर्न, 1987)।

चित्र 13 : लाल कनेर का पौधा

पौधे के औषधीय एवं विषकारी गुणः इस पौधे का प्रमुख विष, दिल पर जहरीला प्रभाव छोड़ने वाले ग्लाइकोसाइडस होते हैं। सफेद कनेर में लगभग दस ग्लाइकोसाइडस होते हैं, जिनकी मात्रा 2 प्रतिशत तक होती है। इन ग्लाइकोसाइडस में ओलिंड्रिन ($C_{32}H_{48}O_9$) सबसे ज्यादा महत्वपूर्ण है, जिसकी मात्रा 0.08 प्रतिशत तक होती है (शॉ एवं पर्न, 1979)। ओलिंड्रिन रंगहीन, गंधहीन, स्वाद में अत्यंत कड़ुवा क्रिस्टल बनाता है, जो जल में अघुलनशील तथा ताप स्थिर होता है (रेनाल्ड्स, 1989)। ओलिंड्रिन का आणुविक भार 576.7 होता है। पीले कनेर में थिविटिन ए ($C_{42}H_{64}O_{19}$), थिविटिन बी ($C_{42}H_{66}O_{18}$), पेरूवोसाइड ($C_{42}H_{44}O_9$), सेरीबेरिन ($C_{20}H_{38}O_{14}$) आदि दिल पर जहरीला प्रभाव छोड़ने वाले ग्लाइकोसाइडस होते हैं (अरनाल्ड एट अल, 1935)। कनेर के इन ग्लाइकोसाइडस का चिकित्सा में उपचार के लिये प्रयोग करने पर भी अध्ययन जारी है (ओस्टरलोह एट अल, 1982)। प्राचीन काल में इनका प्रयोग चूहामार, कीटनाशक, अपच, ज्वर, मलेरिया, कुष्ठ रोग, चर्मरोग, गर्भनाशक एवं रतिज रोगों के उपचार में किया जाता था।

आविषालुताः कनेर काफी अधिक कड़ुबा होता है, अतः पशु सामान्य अवस्था में इसको नहीं खाता है। आहारनाल में अवशोषित होकर थिविटिन रक्त के माध्यम से यकृत, हृदय, फेफड़ों, मस्तिष्क, तिल्ली एवं वृक्कों तथा हृदय की पेशियों में एकत्र होने लगता है (इलीनहार्न एंड बर्सिलोक्स, 1988)। खाने के 8 से 24 घंटों के अंदर ही विषाक्तता के लक्षण प्रकट होते हैं (गेले एट अल, 1998)। ओलिंड्रिन बहुत धीरे–धीरे मूत्र में उत्सर्जित होता है (ब्लम एवं राइडर्स, 1987)। थिविटिन की अर्धआयु कम होने के कारण यह बहुत अधिक देर तक शरीर में नहीं टिकता है (अरनाल्ड एट अल, 1935)। यह ग्लाइकोसाइडस दो तरह से शरीर पर प्रभाव डालते हैं–(1) डिजिटेलिस की तरह सीधे हृदय की विषाक्तता उत्पन्न कर एवं (2) वेगस तंत्रिका पर प्रभाव डालकर। सीधे प्रभाव में ग्लाइकोसाइड्स हृदय के सोडियम–पोटैशियम ए टी पीएज पंप को रोक देते हैं। इससे हृदय की मांसपेशियों की कोशिकाओं के भीतर सोडियम की मात्रा बढ़ जाती है। सोडियम की इस बढ़ी हुई मात्रा के कारण प्रारम्भ में उत्तेजना होती है। हृदपेशी (मायोकार्डियम) में वैद्युत संचलन रूक जाने से दिल बैठने लगता है। वेगस तंत्रिका, प्रारम्भ में उत्तेजित होती है तथा बाद में शिथिल पड़ जाती है (ओस्टरलोह एट अल, 1982. साजाबुनीविक एट अल, 1971)। इन प्रभावों के चलते विषाक्तता में हृदय की गति अनियंत्रित हो जाने से पशु की मृत्यु हो जाती है।

लक्षणः खाने के 8 से 24 घंटों के भीतर आविषालुता के लक्षण प्रकट होते हैं। लक्षणों के प्रारम्भ में जी मचलाता है। उल्टी होती है। पेट फूल जाता है। पेट में दर्द होता है।

अतिसार होता है। कभी–कभी अतिसार में रक्त भी आता है। शरीर में पानी की कमी होने लगती है। इसके बाद हृदय एवं मस्तिष्क सम्बन्धी लक्षण प्रकट होते हैं। मुँह से लार गिरती है। बूंद–बूंद कर मूत्र टपकता है। नाड़ी की गति तीव्र एवं स्पंदन मंद पड़ जाता है। हृदय की धड़कन कम होने लगती है। शरीर ठंडा पड़ने लगता है। पुंतली फैल जाती है। शरीर कँपकँपाने लगता है। मांसपेशियाँ शिथिल हो जाती हैं। रक्तचाप घट जाता है। पशु लड़खड़ाने लगता है, तथा गिरकर अचेतावस्था में चला जाता है। अंततः हृदपात से पशु की मृत्यु हो जाती है (माहिन एट अल, 1984)।

निदानः विषाक्तता का निदान निम्नलिखित प्रकार से किया जा सकता है –

- पौधे के खाने के विषय में जानकारी प्राप्त कर।
- लक्षणों के आधार पर।
- हृदलेखन (कार्डियोग्राफी) द्वारा।
- संदेहास्पद अवस्था में ओलिंड्रिन को ज्ञात कर।

उपचारः इस विषाक्तता का कोई भी विशिष्ट उपचार नहीं होता है। प्रारम्भ में ही विषाक्तता का पता चल जाने पर आंत्र से अवशोषण रोकने के लिये रोमंथी पशुओं में सक्रिय चारकोल का 5 ग्राम प्रति किलो पशु भार की दर से प्रयोग करते हैं। इसके साथ ही परासरणी विरेचक द्वारा विष को तेजी से शरीर के बाहर निकाल सकते हैं। हृदय की गति को सुचारू करने के लिये अट्रोपीन को 0.5 मिग्रा प्रति किलो पशु भार की दर से या प्रोपेनाल को 5 मिग्रा प्रति किलो ग्राम पशु भार की दर से तथा अतालता को रोकने के लिये लिग्नोकेन हाइड्रोक्लोराइड का प्रयोग करते हैं। मनुष्यों में विषाक्तता के उपचार में डाइजोक्सिन विशिष्ट फैब प्रतिपिंड का भी प्रयोग किया जाता है (शूमैक एट अल, 1988)।

संदर्भ

अरनाल्ड, एच.एल. मिडलटन, डब्लू. एस. चेन, के.के. (1935). दि एक्शन ऑफ थिविटिन, ए कार्डियक ग्लाइकोसाइड एंड इट्स क्लीनिकल अप्लीकेशन. अमेरिकन जनरल ऑफ मेडिकल साइंस, 189–193।

ब्लम, एल.एम. एवं राइडर्स, एफ. (1987). ओलियन्डरिन डिस्ट्रीब्यूसन्स इन ए फैटैलिटी फ्राम रेक्टल एंड ओरल *नेरियम ओलियंडर* एक्स्ट्रैक्ट एडमिनिस्ट्रेशन, जनरल एनल टॉक्सिकोलॉजी, 11(5): 219–221।

गेले, एफ.डी. एट अल (1998). इन गारलैंड टी. बार.ए.सी. एडीटर्सः टॉक्सिक प्लांट्स एंड अदर नैचुरल टॉक्सीकैंटस, न्यूर्याक, कैब इंटरनेशनल।

माहिन, एल. मरजाऊ, ए. हयूआर्ट, ए. (1984). ए केस रिपोर्ट ऑफ *नेरियम ओलिंयडर* प्वाइजनिंग इन कैटिल. वेटेरेनरी टॉक्सिकोलॉजी 26: 303–304।

ओस्टरलोह, जे. हेराल्ड, एस. पान्ड, एस. (1982). ओलियंडर इन्टरफिरेंस इन दि डिजाक्सिन रेडियोइम्यूनोएस्से इन ए फैटल इन्जेशन. जामा, 247(11): 1596–1597।

पर्न, जे. (1987). ओलियंडर प्वाइजनिंग. इन कोवेसविच, जे. डेवी. पी. पर्न, जे. एडीशन (1987). टॉक्सिक प्लान्ट्स एड एनीमल्स. ए गाइड फार आस्ट्रेलिया, ब्रिसबेन, क्वींसलैंड म्यूजियम, पेज 37–44।।

प्रोनस्जुक, जे. एवं लैबोर्ड, ए. (1988). प्लैंटास सिल्वेस्ट्रिस डि कल्टीवो: रिस्गो डि इन्टॉक्सीकेसन पारा इल होम्बर. मोन्टेवीडियो, यूनीवर्सीडाड डि ला रिपब्लिका।

रेनाल्ड्स, जे. इ.एफ. (1989). मार्टिनडेल : दि एक्सट्रा फर्मेकोपिया, 29 एडीशन लंदन, दि फर्मेस्यूटिकल प्रेस।

षॉ, डी. एवं पर्न, जे. (1979). ओलियंडर प्वाइजनिंग. मेडीकल जनरल, 2: 267–269।

षूमैक, जे. एम. वू, ए. डब्लू. पिंग, ए. सी. (1988). ओलियंडर प्वाइजनिंग: ट्रीटमैंट विद डाइजाक्सिन स्पेसिफिक फैब एंटीबॉडी फ्रैगमेंटस जर्नल 17(7): 732–735।

साजाबुनीविक, जे.डी. एट अल (1971). ट्रीटमैंट ऑफ एक्सपेरीमेन्टली इन्ड्यूज्ड ओलियंडर प्वाइजनिंग, आर्च इंटरनेशनल फर्म. 189–12।

इलीनहानी, एम.जे. एवं बर्सिलोक्स, डी.जी. (1988). मेडिकल टॉक्सिकोलाजी– डायग्नोसिस एंड ट्रीटमेंट ऑफ प्वाइजनिंग, एल्सबियर सांइस, न्यूर्याक, 1252–1255।

❑❑❑

अध्याय 5

स्ट्रिकनीन आविषालुता

स्ट्रिकनीन, *स्ट्रिकनस नक्सवॉमिका* (कुचला) नामक पौधे के बीजों से प्राप्त होने वाला सफेद रंग का कड़वा ऐल्केलॉयड है जो कम मात्रा में चिकित्सीय गुणों से परिपूर्ण होता है। इसकी अधिक मात्रा पशुओं तथा मनुष्यों में आविषालुता उत्पन्न करती है। आविषालुता में पशु की संवेदनशीलता में एकाएक वृद्धि हो जाती है। मांसपेशियाँ अकड़ने लगती हैं। श्वांस लेने में असुविधा होती है। दम घुटने से पशु की मृत्यु हो जाती है।

कारणः स्ट्रिकनीन, *स्ट्रिकनस नक्सवॉमिका* नामक पौधे के बीजों से प्राप्त होता है। यह एक सदाबहार पौधा है, जो कि दक्षिण एशिया में विशेषकर भारत तथा म्यांमार के जंगलों में उगता है। भारतवर्ष में यह पौधा महाराष्ट्र के कोकण एवं सहाद्री के जंगलों में पाया जाता है। इस पौधे के बीज तथा पत्तों में स्ट्रिकनीन एवं ब्रूसीन नामक ऐल्केलॉयड होते हैं जबकि छाल में केवल ब्रूसीन पाया जाता है।

बीजों का पाउडर बनाने पर उसमें भार के हिसाब से 1.53 से 3.24 प्रतिशत तक इगासूरिक अम्ल की युक्ति में स्ट्रिकनीन तथा ब्रूसीन होते हैं। इस प्रकार नक्सवॉमिका के बीजों में क्रमशः 1.23 एवं 1.55 प्रतिशत के औसत से स्ट्रिकनीन एवं ब्रूसीन पाये जाते हैं। यद्यपि दोनों के कार्य लगभग समान होते हैं किन्तु स्ट्रिकनीन अपेक्षाकृत तीव्रता से कार्य करता है तथा इसका प्रभाव भी अधिक होता है। स्ट्रिकनीन पानी में अघुलनशील होता है, किन्तु इसका सोडियम लवण शीघ्रता से पानी में घुल जाता है।

औषधीय गुण एवं उपयोगः स्ट्रिकनीन, सफेद रंग का कड़वा ऐल्केलॉयड है जिसे पशु तथा मानवीय चिकित्सा में तंत्रकीय टानिक, केन्द्रीय तंत्रिका तंत्रीय उत्प्रेरक एवं रोमंथिका की गुणवत्ता को बढ़ाने वाले पदार्थ के रूप में प्रयुक्त किया जाता है। अधिक मात्रा में स्ट्रिकनीन पूतिरोधक का कार्य करता है, किन्तु पूतिरोधक के लिये प्रयुक्त मात्रा में यह आविषालुता भी करता है, अतः इसे पूतिरोधक के रूप में प्रायः प्रयुक्त नहीं किया जाता है।

स्ट्रिकनीन, मुँह में लार तथा आमाशय में जठर ग्रंथियों के स्राव को बढ़ा देता है। इस प्रकार एक तरफ यह भूख को बढ़ाता है तथा दूसरी तरफ भोजन के पाचन। इस प्रभाव से आंत्रीय क्रमाकुंचन गति के बढ़ने से आंत्र में भोजन का अवशोषण भी तेजी से होने लगता है तथा कब्ज की शिकायत भी समाप्त हो जाती है (गोसिल एवं ब्रिवकर, 1984)।

स्ट्रिकनीन को मनुष्यों में बहुधा तंत्रकीय, जननीय एवं उत्सर्जन सम्बन्धी व्याधियों के उपचार में प्रयुक्त किया जाता है। इसके अतिरिक्त हृदय एवं श्वसन सम्बन्धी रोग स्तब्धता (शॉक) आदि में भी इसके चिकित्सीय प्रयोग के प्रमाण मिलते हैं। नक्सवॉमिका को होम्योपैथी की चिकित्सा पद्धति में अपच, उल्टी, दस्त, मरोड़, कब्ज, ठंड तथा सिरदर्द के उपचार के लिये प्रयुक्त किया जाता है।

स्ट्रिकनीन एवं नक्सवॉमिका अधिक मात्रा में विष की तरह कार्य करते हैं, अतः खेतों में इन्हें चूहों, सियार, लोमड़ी, नीलगाय, पक्षियों तथा कीट–पतंगों को मारने के लिये प्रयुक्त किया जाता है। इन मरे हुये जानवरों को कुत्ते या बिल्ली द्वारा खा लेने पर उनमें आविषालुता के लक्षण उत्पन्न होने लगते हैं। कुत्ते आविषालुता को अधिक संवेदनशील होते हैं। इनके अतिरिक्त अन्य पालतू पशु भी रोग को सुग्राही होते हैं। इनमें *स्ट्रिकनस नक्सवॉमिका* पौधे के बीजों को या चूहे मारने को रखे गये स्ट्रिकनीन बेट को खाने से विषाक्तता उत्पन्न होती है। पक्षी अन्य की अपेक्षा विषाक्तता को कम सुग्राही होते हैं।

विषाक्तता की क्रियाविधिः स्ट्रिकनीन मुँह, श्वांस एवं त्वचा द्वारा शरीर में प्रवेश करता है। शरीर में प्रवेश कर यह शीघ्रतापूर्वक आहारनाल एवं श्वांसनाल से अवशोषित हो जाता है और रक्त में प्लाज्मा तथा लाल रूधिर कणिकाओं के साथ चलकर अतिशीघ्र ही ऊतकों में पहुँच जाता है। ऊतकों में भी इसकी सर्वाधिक मात्रा यकृत एवं वृक्क में पायी जाती है। खाने के 5 मिनट के अंदर ही इसकी 50 प्रतिशत मात्रा ऊतकों में पहुँच जाती है। प्लाज्मा में इसकी अर्धआयु लगभग 10 घंटे होती है। कुछ ही मिनटों में 5 प्रतिशत स्ट्रिकनीन लार तथा मूत्र में निकल जाता है (बायोड एट अल, 1983)। यकृत में माइक्रोसोमल एन्जाइम स्ट्रिकनीन को घात रहित स्ट्रिकनीन–एन–ऑक्साइड में परिवर्तित कर देते हैं। 48 से 72 घंटों में यह पूर्ण रूप से शरीर के बाहर निकल जाता है। मूत्र के अम्लीय होने पर यह आसानी से उत्सर्जित हो जाता है (कूपर, 1974. रेनाल्ड, 1982. सैक्स, 1988)।

अधिक मात्रा में स्ट्रिकनीन विषाक्तता उत्पन्न करता है। विषाक्तता के समय स्ट्रिकनीन, मेरूरज्जु एवं मेडुला के तंत्रिका तंतुओं के पश्च अंतर्ग्रथन (पोस्ट साइनेप्स) में संदमनी संचारी (इन्हिबिटरी ट्रांसमिटर) ग्लाइसीन से प्रतिस्पर्धा कर, उसके कार्य को रोक देता है (गुडमैन एट अल, 1985)। जिससे तंत्रिकाओं से मस्तिष्क को न पहुँचने वाले संकेत भी मस्तिष्क में बेरोक टोक होकर पहुँचने लगते हैं, तथा सामान्य संकेत अधिक प्रभावशाली होकर जाने लगते हैं। फलतः पशु वाहय संकेतों को अतिसंवेदनशील हो जाता है तथा छोटे–छोटे अनावश्यक संकेतों से उत्तेजित होने लगता है। मस्तिष्क में श्वसन केन्द्रों के लगातार उत्तेजित होने से श्वसन की मांसपेशियों में ऐंठन होती है और दम घुटने से पशु की मृत्यु हो जाती है। यदि पशु इससे बच भी जाता है, तो भी लगातार उत्तेजित रहने के कारण श्वसन केन्द्र शिथिल होकर निष्क्रिय हो जाते हैं और केन्द्रीय निर्देश के अभाव में श्वसन पेशियाँ कार्य रोक देती हैं, जिससे श्वसन क्रिया के अवरूद्ध होने से पशु की मृत्यु हो जाती है (ब्लेन एट अल, 1982)।

लक्षणः शरीर के अंदर पहुँचने के 15 से 30 मिनट या अधिकतम् एक घंटे के भीतर ही आविषालुता के लक्षण प्रकट होने लगते हैं। लक्षणों की तीव्रता विष की मात्रा पर निर्भर करती है। प्रारम्भ में पशु अशांत रहता है तथा किसी अनहोनी की आशंका से ग्रसित दिखायी देता है। पशु की संवेदनशीलता में एकाएक वृद्धि हो जाती है। पशु शोरगुल, ठंडी हवा या छूने मात्र से उत्तेजित होने लगता है। मांसपेशियों में अकड़न होती है। गर्दन की मासंपेशियों से प्रारम्भ होकर अकड़न शरीर की सभी मांसपेशियों में फैल जाती है। चेहरे की मांस पेशियों में तनाव के कारण मुँह अधिक उत्सुक एवं सचेत दिखायी देता है। आँखे बाहर को निकल आती है। आँखों की पुतली फैल जाती है। पैरों की मांसपेशियों के अकड़ने से पैर सीधे खिचे रहते हैं। इससे पशु को चलने–फिरने तथा खड़े रहने में कठिनाई होती है। रक्तचाप बढ़ जाता है। प्रारम्भ में पशु तेजी से गहरी–गहरी श्वांस लेता है। धीरे–धीरे श्वसन तंत्र की मांसपेशियों के अकड़ने से पशु को श्वांस लेने में असुविधा होती है, और अंततः दम घुटने से पशु की मृत्यु हो जाती है।

निदानः आविषालुता का निदान निम्नलिखित प्रकार से किया जाता है –

- पशु के खाने के विषय में जानकारी प्राप्त कर।
- पशु के पेट से निकाले हुये खाने या मूत्र में स्ट्रिकनीन को प्राप्त कर।
- लक्षणों के आधार पर।
- अन्य रोग जैसे टिटेनस, स्तनस्राव अपतानिका, अल्पकैल्सियम अपतानिका आदि से विभेदीकृत पहचान कर।
- *मेयर परीक्षण:* परीक्षण के लिये मेयर का घोल बनाते हैं। इसके लिये दो अलग–अलग घोल, घोल "ए" एवं घोल "बी" बनाये जाते हैं । घोल 'ए' बनाने के लिये मर्क्यूरिक क्लोराइड की 1.36 ग्राम मात्रा को 16 मिली आस्वित जल में घोलते हैं। घोल 'बी' के लिए 5.0 ग्राम पोटैशियम परमैंगनेट को 10 मिली आस्वित जल में घोलते हैं। अब इन दोनों घोलों को मिलाकर, तब तक जल डालते हैं, जब तक इसकी मात्रा 100 मिली तक न हो जाये। इस मेयर को घोल की 1–2 मिली मात्रा को एक परखनली में संदेहास्पद नमूने के जलीय निचोड़/सार की 2–3 मिली मात्रा में मिलाते हैं। यदि परखनली के तल पर अवक्षेप एकत्र होने लगे तब पशु में स्ट्रिकनीन विषाक्तता हो सकती है।
- *वैगनर परीक्षण:* परीक्षण के लिये वैगनर का घोल बनाते हैं। इसके लिये पोटैशियम आयोडाइड की 2.00 ग्राम मात्रा को 5 मिली आस्वित जल में घोलते हैं। इसमें 1.27 ग्राम आयोडीन को डालकर मिश्रण की मात्रा को जल में मिलाकर 100 मिली तक कर लेते हैं। संदेहास्पद नमूने के जलीय निचोड़ की कुछ बूँदों को एक स्लाइड

पर रखकर उसमें इस घोल की कुछ बूँदे मिलाते हैं। यदि भूरे रंग का छिछड़े युक्त अवक्षेप बनता है, तब नमूने को स्ट्रिकनीन के लिये धनात्मक मानते हैं।

- *ड्रैगन ड्रोफ परीक्षणः* ड्रैगनड्रोफ परीक्षण के लिये भी दो घोल, घोल 'ए' एवं घोल 'बी' बनाते हैं। घोल 'ए' बनाने के लिये बिस्मथ सब नाइट्रेट के 8.0 ग्राम को 20 मिली नाइट्रिक अम्ल में घोलते हैं। घोल 'बी' के लिये पोटैशियम आयोडाइड की 21.1 ग्राम मात्रा को 50 मिली आस्वित जल में घोलते हैं। दोनों घोलों को मिश्रित कर कुछ देर के लिये रख देते हैं। अब मिश्रण के ऊपर के घोल को निथार कर उसमें पानी मिलाकर मात्रा को 100 मिली तक कर लेते हैं। ड्रैगनड्रोफ घोल भी स्ट्रिकनीन के साथ अवक्षेप बनाता है।

उपचारः विषाक्तता का उपचार निम्न प्रकार से किया जाता है–विषाक्तता के अधिकांशतः शिकार चिकित्सक तक पहुँचने से पहले ही दम घुटने से मर जाते हैं। किन्तु जो भी कुछ चिकित्सालय तक पहुँच पाते हैं उन्हें तुरंत श्वास प्रणाल–छेदन (ट्रेकियोटामी) द्वारा श्वासनाल में ट्यूब डालकर कृत्रिम श्वांस पर रख देते हैं। यदि इस प्रकार 6–12 घंटों तक रोगी पशु बच जाता है तब उसके जीवित रहने की संभावना बहुत बढ़ जाती है।

विषाक्तता के तुरन्त पश्चात पशु के आमाशय से विषाक्त पदार्थ के अवशोषण को रोकने के लिये पोटैशियम परमैंगनेट के (1:1000) घोल से आमाशय की सफाई करते हैं। आंत्रीय अवशोषण रोकने के लिये सक्रिय चारकोल (2 ग्रा/किग्रा) टैनिक अम्ल (2% जलीय घोल) तथा अन्य सैलाइन या परासरणी विरेचक में से किसी एक को प्रयुक्त किया जा सकता है। इसके अतिरिक्त मूत्र में उत्सर्जन बढ़ाने के लिये 5% मैनीटोल को 0.9% नार्मल समतानी के साथ दिया जा सकता है। वृक्क तथा उत्सर्जन तंत्र के अन्य भागों में पुनः अवशोषण को रोकने के लिये मूत्र को अम्लीय बनाने वाले पदार्थ जैसे अमोनियम क्लोराइड को 100 मिग्रा/किग्रा पशु भार की दर से दिन में दो बार दिया जा सकता है। तरलित टिंक्चर आयोडीन (1:250) के प्रयोग से स्ट्रिकनीन का मूत्र में उत्सर्जन बढ़ जाता है। आक्षेप (कन्वलसन) रोकने के लिये छोटे जानवरों में फीनोबार्बिटल 30 मिग्रा/किग्रा पशु भार तथा बड़े जानवरों में क्लोरल हाइड्रेड (7%) की दर से प्रयोग करते हैं।

मांसपेशियों की अकड़न कम करने के लिये मांसपेशियों को शिथिल करने वाली औषधियाँ जैसे डाइजीपाम, ग्लिसरल ग्वाइकोलेट (110 मिग्रा/किग्रा) या मेथोकार्बामोल (150 मिग्रा/किग्रा) को प्रयुक्त किया जा सकता है।

असंवेदिता (अनस्थीसिया) को 24 घंटों तक बनाये रखने के लये श्वसनीय अनस्थीसिया का भी प्रयोग किया जा सकता है।

कभी भी न प्रयोग करें:

- कीटामीन–मोटर तंत्रिकाओं को उत्तेजित करने के कारण।
- मार्फीन–मेरूरज्जु को उत्तेजित करने तथा श्वसन क्रिया को मंद करने के कारण।
- उल्टीकारक–उल्टी के श्वसन तंत्र में निगलने के कारण।

संदर्भ

ब्लेन, पी.जी. नाइटिंगेल, एस.एवं स्टोडार्ट, जे.सी. (1982). स्ट्रिकनीन प्वाइजनिंग : एबनार्मल आई मूवमेंट. जनरल ऑफ क्लीनिकल टॉक्सिकोलॉजी, 19(2): 215–217।

बोयाड, आर.इ. ब्रीनन, पी.टी. डेंग, जे.एफ. रोचेस्टर, डी.एफ. एवं स्पाइकर, डी.ए. (1983). स्ट्रिकनीन प्वाइजनिंग. अमेरिकन जनरल ऑफ मेडीसिन, 74: 507–512।

कूपर, पी. (1974). प्वाइजनिंग बाई ड्रग एंड कैमिकल्स, लंदन. एल्किमिस्ट पबिल्केशन, 193–194 (218 पेज)।

गुडमैन, एल.एस. गिलमैन, ए.जी. एवं गिलमैन ए. (1985). दि फर्मेकोलॉजिकल बेसिस ऑफ थिरैप्युटिक्स, न्यूयार्क, मेकमिलन पब्लिकेशन, 582–584 (1839 पेज)।

गोसिल, टी.ए. एवं ब्रिवकर, जे.डी. (1984). प्रिंसीपल ऑफ क्लीनिकल टॉक्सिकोलाजी, न्यूयार्क, राबिन प्रेस, 295–296 (357 पेज)।

रेनाल्ड, जे.इ.एफ. (1982). मार्टिनडेल दि एक्ट्रा फर्मेकोपिया, लंदन, दि फर्मेस्यूटिकल प्रेस, 319–320, 995–1000 (2025 पेज)।

सैक्स, एन.आई. (1988). स्ट्रिकनीन डैंजरस प्रापर्टीज ऑफ इंडस्ट्रियल मैटीरियल. रिपोर्ट, 8(1): 78–83।

❑❑❑

अध्याय 6

अरंडी जनित आविषालुता

गोपशु, भैंस, भेड़, बकरी, अश्व, श्वान, शूकर एवं पक्षियों में अरंडी के बीज या खल खा लेने पर इसमें विद्यमान रिसिन एवं ऐग्लुटिनिन नामक विष के कारण आविषालुता होती है। गोपशु में तीव्र प्यास लगती है। उदरशूल एवं रक्त मिश्रित अतिसार होता है। रक्तचाप कम हो जाता है। शरीर में पानी एवं लवणों की कमी हो जाती है। अंततः पशु हृदयघात से मर जाता है। अश्वों में श्वांस लेने में कठिनाई होती है। हृदय जोर–जोर से धड़कता है। शरीर में ऐंठन होती है। श्वसन केन्द्र के निष्प्रभावी हो जाने से पशु की मृत्यु हो जाती है। मुर्गियाँ अंडा देना बन्द कर देती हैं। बत्तखों में पक्षाघात होता है।

कारणः अरंडी यूफारबियसी परिवार की एक सदाबहार झाड़ी है, जो 3 से 10 फीट तक लम्बी होती है। इसके पत्ते 12 से 18 इंच तक लम्बे होते हैं। पत्ते हाथ की तली की तरह कटे हुये होते हैं, तथा बारीक लम्बी डाली द्वारा तने से जुड़े हुये होते हैं। फल गुच्छों में लगते हैं, तथा इन की सतह पर मुलायम काँटे होते हैं। प्रत्येक फल में तीन बीज होते हैं। प्रत्येक बीज एक सेंटीमीटर तक लम्बा होता है। इसकी सतह काली चिकनी एवं चमकदार होती है। सतह पर भूरे या स्लेटी रंग के चकत्ते होते हैं। यह इन्हें आकर्षक बनाते हैं। कुछ देशों में इन बीजों को मोतियों की तरह पिरोकर महिलायें गले का हार बनाकर पहनती हैं (चित्र 14–15)।

चित्र 14 : अरंडी का पौधा

चित्र 15 : अरंडी के फलों का गुच्छा

उपयोगिताः यह पौधा मुख्यतः भारतवर्ष एवं अफ्रीकी देशों में पाया जाता है। किन्तु, आजकल अमेरिका में इसको सजावट के लिये बगीचों, सड़कों के किनारे एवं खाली स्थानों पर उगाते हैं। बीजों की पिराई कर तेल निकाला जाता है। इस तेल में 50 प्रतिशत तक वसीय

पदार्थ एवं 26 प्रतिशत तक प्रोटीन होती है। तेल का प्रयोग पेंट तथा वार्निश बनाने एवं जेट इंजन के तेल में चिकनाई बढ़ाने के लिये किया जाता है। तेज गति से चलने वाले आटोमोबाइल तथा औद्योगिक मशीनरी में भी इसका प्रयोग करते हैं। तेल निकलने के बाद बची हुई खल को पशुओं को खिलाते हैं।

औषधीय गुणः इस पौधे की जड़, पत्तियाँ एवं बीजों को देशी चिकित्सा के उपचारों में प्रयुक्त किया जाता है (स्कैरपा एवं ग्वैरसी, 1982. चैलोनर एवं मैककैरोन, 1990)। पत्तों का काढ़ा जुलाब का काम देता है तथा कब्ज दूर करता है। जड़े पीसकर प्रयोग करने से कमर, पीठ, कूल्हे के दर्द एवं गठिया में लाभ होता है। बीजों के गूदे में रिसिनि नामक विष होता है। इस रिसिनि का आज की उपचारीय प्रणाली में कैंसर के उपचार, अस्थिमज्जा प्रत्यारोपण एवं कोशिकीय शोध में उपयोगिता पर भी अध्ययन जारी है (बाईस एट अल, 2004)। रिसिनि पशुओं में खाने पर विषकरण करता है। बीजों की सतह पर कठोर आवरण होता है, किन्तु जब इनको चबाकर एवं कुचलकर खाया जाता है, तब धीरे–धीरे रिसिनि निकलता है तथा पशुओं में विषाक्तता उत्पन्न करता है। इसके अतिरिक्त पशुओं को अरंडी की खली खिलाने पर या चारे के साथ धोखे से अरंडी के बीज खा लेने पर पशु में रिसिनि जनित विषाक्तता होती है (कूपर, 1984. प्रोनस्जक एवं लेबोर्डे, 1988)।

विषः पौधे के बीजों में रिसिनि नामक विष प्रमुख होता है। बीजों से तेल निकालने पर यह खली में रह जाता है। यदि बीजों को गर्म कर तेल निकाला जाता है, तब यह स्वतः ही नष्ट हो जाता है (बरोस एवं रीनर, 1999)। खली को गर्म करने पर भी यह नष्ट हो जाता है। रिसिनि को शुद्ध करने पर यह सफेद पाउडर जैसा दिखाई देता है। शुद्ध रिसिनि जल में घुलनशील तथा क्लोरोफार्म एवं अल्कोहल में अघुलनशील होता है। रिसिनि पर हाइड्रोक्लोरिक अम्ल, पेप्सिन, पपेन एवं कीमोपेप्सिन एन्जाइम तथा पी.एच. के अम्लीय या क्षारीय होने का प्रभाव नहीं पड़ता है। रिसिनि दो प्रकार का होता है– रिसिनि-I एवं रिसिनि-II। इनमें से रिसिनि-II अधिक घातक होता है। रिसिनि-II पेप्टाइड की दो जंजीरों (ए एवं बी) का बना होता है। यह जंजीरें आपस में एक डाइसल्फाइड बंध द्वारा जुड़ी हुई होती हैं। इनमें से एक जंजीर 30,000 डाल्टन तथा दूसरी 33,000 डाल्टन की होती है (वीडिन एट अल, 1986)। अरंडी के बीजों में इसकी मात्रा 1 से 5 प्रतिशत तक होती है (बैलिंट, 1974)। सेंटर फार डिजीज कंट्रोल एंड प्रिवेन्शन ने इसको बी कैटगरी के विष में रखा है (सी.डी. सी., 2000)।

विषाक्तताः बीज या खल के साथ रिसिनि पशु के आमाशय तथा आंत्र में पहुँच जाती है। यहाँ पर तेजी से अवशोषित हो यह रक्त में पहुँच जाती है। मनुष्यों में इसकी अर्ध आयु 8 दिन तक होती है (कोफर्समिट एट अल, 1983)। चूहों में प्रयोग करने पर देखा गया है कि यह 24 घंटों में मूत्र मार्ग से पूर्णतः उत्सर्जित हो जाती है। जबकि इसका 2 प्रतिशत से भी कम भाग मल में उत्सर्जित होता है (कूपर, 1989. राम्सडेन एट अल, 1990)। त्वचा

के ज्यादा समय तक सम्पर्क में रहने पर रिसिनि चर्मरोग तथा खुजली करती है। मनुष्यों में ऐलर्जी एवं नेत्रश्लेष्माशोथ (कन्जंक्टीवाइटिस) करती है (स्वार्टसमैन, 1979)।

शरीर के अंदर रिसिनि कोशिकाओं की सतह पर स्थिति गैलेक्टोज ग्राहक (रिसेप्टर) से चिपक जाती है। तत्पश्चात् इसकी दोनों जंजीरें एक दूसरे से पृथक हो जाती है। छोटी जंजीर एंडोसाइटोसिस द्वारा कोशिका के भीतर पहुँच जाती है। कोशिका के अंदर यह जंजीर राइबोसोम के आर. एन. ए. में एन्जाइम जनित एडिनाइलेशन की प्रक्रिया को रोककर कोशकीय प्रोटीन के निर्माण को रोक देती है। इस प्रकार प्रोटीन के न बनने से कोशिका की मृत्यु हो जाती है। चूहों में यह मैनोज ग्राहक (रिसेप्टर) से चिपककर कोशिका के भीतर पहुँचती है (ओलनीस एट अल,1974)।

रिसिनि के अतिरिक्त अरंडी के बीजों में समूहिका (ऐग्लुटिनिन) नामक एक अन्य ग्लाइकोप्रोटीन होती है जो लाल रूधिर कणिकाओं से चिपककर उनका समूहन एवं हीमोलिसिस करती है। यह ग्लाइकोप्रोटीन आंत्र से अवशोषित नहीं होती है। शिराओं में इसका इन्जेक्शन लगाने पर उपर्युक्त प्रभाव दृष्टिगोचर होता है (हेगड़े एवं पोडरा, 1992. फिराज एट अल. 2000)। पेड़ के पत्तों एवं बीजों के पैरीकार्प में एक अन्य विषैला ऐल्केलॉयड होता है। यह प्रायोगिक स्तर पर चूहों में ऐंठन कर मृत्यु करता है। इस ऐल्केलॉयड की क्रियाविधि अभी ज्ञात नहीं है (फिराज एट अल, 2000)।

रोग को संवेदनशील पशुः रिसिनि की विषाक्तता सभी पशुओं में होती है। घोड़े सर्वाधिक सुग्राही होते हैं। इसके अतिरिक्त गोपशु, भैंस, भेड़, बकरी, श्वान एवं शूकरों में भी विषाक्तता होती है। मुर्गा–मुर्गियों में विषाक्तता कम होती है। गोपशु में अपने शरीर के भार के 0.2 प्रतिशत, अश्व में 0.01 प्रतिशत , भेड़ में 0.1 प्रतिशत, बकरी में 0.55 प्रतिशत, शूकर में 0.13 प्रतिशत, कुत्ते में 0.06 प्रतिशत, मुर्गियों में 1.4 प्रतिशत बीजों के खाने पर विषाक्तता होती है (गोडन एट अल. 1984. फुडस्टैड एट अल, 1979)।

लक्षणः खाने के 12 से 48 घंटों के बाद लक्षण प्रकट होते हैं। गोपशु एवं भैंस में विषाक्तता के प्रारम्भ में भूख नहीं लगती है। तीव्र प्यास लगती है। उदर शूल होता है। पशु दाँत किटकिटाता है। पीठ को ऊपर करता है। रक्त मिश्रित अतिसार होता है। रोमंथिका गतिहीन हो जाती है। शरीर में पानी एवं लवणों की कमी होती है। रक्तचाप कम होता है। कमजोरी आ जाती है। आँखों के आगे अंधेरा छा जाता है। मांसपेशियों में खिंचाव होता है। श्लेष्मल हल्की नीली सी पड़ने लगती है। अंततः पशु हृदयघात से मर जाता है।

अश्व में, पशु सुस्त हो जाता है। शरीर, पसीना–पसीना होने लगता है। कमजोरी के कारण पशु कॉपने लगता है। श्वांस लेने में तकलीफ होती है। हृदय जोर–जोर से धड़कता है। शरीर का ताप बढ़ता है, किन्तु हाथ एवं पैरों के अग्र भाग ठंडे पड़ जाते हैं। शरीर की गति में तारतम्यता नहीं रहती है। कब्ज या डायरिया होता है। शरीर ऐंठने लगता है। श्वसन केंद्रों के निष्प्रभावी हो जाने से पशु की मृत्यु हो जाती है।

शूकरों में, बार–बार उल्टी होती है। अतिसार भी होता है। कानों की त्वचा नीली पड़ने लगती है। श्वान में उल्टी होती है। अतिसार होता है। पेट में मरोड़ एवं दर्द होता है। मूत्र कम त्यागता है। पशु असहाय सा खड़ा रहता है। शरीर ऐंठने लगता है। 2 से 3 दिनों में पशु की मृत्यु हो जाती है। मुर्गियाँ अंडा देना बंद कर देती हैं। पंख खुरदरे हो जाते हैं। पर गिरे हुये रहते हैं। कलंगी एवं दाढ़ा हल्का नीला दिखता है। मोल्टिंग होने लगती है। बत्तखों में पक्षाघात होता है जो शरीर में पीछे से प्रारम्भ होकर आगे की ओर बढ़ता है।

निदानः विषाक्तता का निदान निम्नलिखित प्रकार से किया जा सकता है–

- पशु द्वारा अरंडी की खल या बीज खाने के विषय में जानकारी प्राप्त कर।
- खल एवं बीज में रिसिनि विष की मात्रा ज्ञात कर।
- लक्षणों के आधार पर।
- पशु के रक्त प्लाज्मा एवं मूत्र में रेडियोइम्यूनोऐसे द्वारा रिसिनि की मात्रा पता लगाकर।
- पक्षियों में बॉटुलिज्म से विभेदीकृत पहचान कर।
- *मृत पशु का शव विच्छेदन करः* पशु का शव विच्छेदन करने पर आंत्रशोथ मिलता है। मस्तिष्क, वृक्क, यकृत, हृदय तथा फेफड़ों में रक्त स्राव के निशान मिलते हैं। फेफड़ों में स्राव भर जाता है। मुर्गियों में वसीय यकृत तथा आंत्रयोजनी लसीका ग्रंथि में जलीय भराव के निशान मिलते हैं।

उपचारः विषाक्तता के प्रारम्भ में पशु को उल्टीकारक औषधियाँ देकर तथा आमाशय को धावन कर विषाक्तताकारक पदार्थो को बाहर निकाला जा सकता है। आंत्रीय अवशोषण रोकने के लिये केओलिन–पेक्टिन या सक्रिय चारकोल का प्रयोग करते हैं। उदरशूल रोकने के लिये ऐंठन रोधी (एंटीस्पाजमोडिक) एवं प्रतिआक्षेपक (एंटीकन्वलसेंट) औषधियों का भी प्रयोग करते हैं। शरीर में निर्जलीकरण एवं आयनिक असंतुलन को पूरा करने के लिये समपरासरणी सामान्य लवण घोल (0.85 प्रतिशत) एवं इलेक्ट्रोलाइट का घोल चढ़ाते हैं।

रोकथामः विषाक्तता को निम्न प्रकार से होने से रोका जा सकता है–

- खल को भली–भाँति पानी में दो से तीन दिन तक भिगोकर खिलाने पर।
- खल को खिलाने से पहले गर्म कर।
- रिसिनि वैक्सीन से टीकाकरण कर (पोली एट अल, 1979)।

संदर्भ

बैलिंट, जी.ए. (1974). रिसिनः दि टॉक्सिक प्रोटीन ऑफ कैस्टर ऑयल सीड्स. टॉक्सिकोलॉजी, 2: 77–102।

बाईस. सी. लेहर, सी.एम. वुडले, जे.एफ. (2004). लेक्टिन मीडियेटिड ड्रग टारगेटिंग : हिस्ट्री एंड अप्लीकेशन्स. एडवांसमेंट इन ड्रग डिलीवरी, 56: 425–435।

बरोस, डब्लू.डी. एवं रीनर, एस.ई. (1999). बायोलाजिकल वारफेयर एजेंट एज थ्रेट टू पोटेबिल वाटर. इन्वाइरोमेंटल हेल्थ पर्सपैक्टिव, 107: 975–484।

सेंटर फार डिजीज कन्ट्रोल एंड प्रिवेन्शन (2000). रिक्मन्डेसन्स ऑफ सीडीसी स्ट्रैटजिक प्लानिंग वर्क ग्रुप बायोलाजिकल एंड कैमिकल टेररिस्मः स्ट्रैटजिक प्लान फार प्रिपेयर्डनेस एंड रेस्पांस. एम.एम. डब्लू आर मार्बेडिटी मार्टेलिटी, 49(4): 1–14।

चैलोनर, के.आर. एवं मैक कैरोन, एम.एम. (1990). कैस्टर बीन इन्टॉक्सीकेसनः रिब्यू ऑफ रिपोर्टिड केसेज. 19: 1177–1983।

कूपर, डब्लू.सी. (1989). कैस्टर आयल : इन्साइक्लोपीडिया ऑफ आकूपेसनल हेल्थ एंड सेफ्टी. आई डब्लू ओ, 1: 38–39।

फिराज, ए.सी. पिरेरा, एल. एफ. रिबेरो, आर.एल. (2000). रिसनीन इलीसाइटिड सीजर्स : ए नोवेल कैमिकल मॉडल ऑफ कन्वलसिव सीजर्स फर्मेकोलाजिकल बायोकैमिकल बिहैवियर. 65: 577–583।

फुडस्टैड, ओ. जोहेन्सेन, जे.वी. सिजरवेन, एल. फिल, ए. (1979). टॉक्सीसिटी ऑफ एबरिन एंड रिसिनि इन माइस एंड डाग, जनरल ऑफ टॉक्सिकोलाजिकल इन्वाइरोमेंट हेल्थ, 5: 1073–1084।

गोडल, ए. फुडस्टैड, ओ. इनजैब्रिस्टन, के. फिल, ए. (1984). फर्मेकोलाजिकल स्टडीज ऑफ रिसिनि इन माइस एंड ह्यूमन्स. कैन्स कीमोथिरेपी, 13: 157–163।

हेगड़े, आर. एवं पोडर, एस. के. (1992). स्टडीज ऑन दि वैयरियन्टस ऑफ दि प्रोटीन टॉक्सिंस रिसिन एंड एबरिन. यूरोपियन जनरल ऑफ बायोकैमिस्ट्री, 204: 155–164।

कोफर्समिट, जे. प्लैश, एफ. लुगनीर, ए. साउडर, पी.एच. जेगर, ए. मन्ट्ज, जे.एम. (1983). अक्यूट वोलेन्ट्री इन्टॉक्सीकेसन बाइ रिसिनि. ह्यूमन टॉक्सिकोलॉजी, 2: 239–242।

ओलनीस, एस. रेफसनीस, के. पिहोल, ए. (1974). मकैनिज्म ऑफ एक्शन ऑफ दि टॉक्सिक लेक्टिन्स, एबरिन एंड रिसिनि. नैचर, 249: 627–631।

पोली, एम.ए. रिवेरा, वी.आर. पिट, एम.एल. वोजिल, पी. (1996). एरोसोलाइज्ड स्पेसिफिक एंटीबाडी प्रोटेक्ट्स माइस फ्राम लंग इंजरी एसोसिएटेड विद एरोसोलाइज्ड रिसिनि एक्सपोजर जर्नल, 34: 1037–1044।

प्रोनस्जक, जे. एवं लेबोर्डे, ए. (1988). प्लान्टाज सिल्वेस्ट्रिस डि कलटीवो : रीसिगो डि इन्टॉक्सीकेसन पारा इल होमबर. यूनीवर्सिडाड डि ला रिपब्लिका मोंटेवीडियो, 63–65।

राम्सडेन, सी.एस. ड्रेसन, एम.टी. बेल ई.बी. (1989). दि टॉक्सीसिटी, डिस्ट्रीब्यूशन एंड एक्सक्रीसन ऑफ रिसिनि होलोटॉक्सिन इन रैट्स. टॉक्सिकोलॉजी, 55: 161–171।

स्कैरपा, ए. एवं ग्वैरसी, ए. (1982) वैरियस यूजेस ऑफ दि कैस्टर आयल प्लांट (रिसिनस कम्यूनिस.एल): ए रिब्यू. जनरल ऑफ इथनोफर्मेकोलॉजी, 5: 117–137।

स्वार्टसमैन, एस. (1979). प्लान्टाज वेनिनोसास सर्बियर. साओ पाउलो. 92–96।

वीडिन, जी.पी. जेफरी, एस.एन. इबरसन, जी.डब्लू. केन्जलोक, ई.पी. (1986). कैस्टर बीन प्वाइजनिंग. अमेरिकन जनरल ऑफ इमरजेन्सी मेडीसिन, 4(3): 259–261।

□□□

अध्याय 7

फर्न जनित आविषालुता

फर्न प्राकृतिक रूप से जंगलों एवं पहाड़ी क्षेत्रों की खाली पड़ी हुई नम जमीन या अन्य पौधों पर परजीवी के रूप में उगते हैं। कुछ प्रजातियाँ हरी घास के साथ मैदानों में भी उगती हैं। फसलों एवं चारे के साथ उगने वाले फर्न को खरपतवार कहते हैं क्योंकि यह फसल के साथ नमी, पोषक तत्व एवं सूर्य की रोशनी के लिये प्रतिस्पर्धा करते हैं। फर्न की कुछ प्रजातियाँ विषैली होती हैं तथा इनको खाने पर पशुओं में विषाक्तता होती है। पशु प्रायः फर्न को नहीं खाते हैं, किन्तु शुष्क गर्मी के मौसम में जब आहार में हरे चारे का अभाव होता है, पशु फर्न की विषैली प्रजातियों को खाकर रोग ग्रसित होने लगते हैं। चारे के साथ उगने वाली विषैली प्रजातियाँ भी चारे के साथ कट जाती हैं। जब यह चारा भूसे के रूप में संरक्षित किया जाता है, तब यह फर्न भी उनके साथ संरक्षित हो जाते हैं। शीत ऋतु में जब पशु यह संरक्षित चारा लगातार खाता है, तब उसमें फर्न की आविषालुता होती है।

कारणः फर्न की निम्नलिखित प्रजातियाँ पशुओं में रोग उत्पन्न करती हैं। *टेरीडियम एक्यूलाइनम* (ब्रेकन फर्न), *कीलेन्थस साइबेरी* (रॉक फर्न, मुलगा फर्न), एवं *आनचियम कटीगम* (फुह)। फर्न गोपशु एवं भेड़ में रक्तस्राव का रोग, गोपशु में गो पशुस्थानिक रक्तमेह (वोबाइन इन्जोटिक हीमेट्यूरिया), भेड़ में ब्राइट ब्लाइन्डनेस, गोपशु एवं भेड़ में आहारनाल का कैंसर, मूत्राशय का ट्यूमर आदि रोग करते हैं। *टेरीडियम एक्यूलाइनम (ब्रेकन फर्न), कीलेन्थस कंटीगम* (रॉक फर्न), *मारसीला ड्रममोरडी* (नरडू), *इक्वीसीटम स्पीशीज, ड्राओप्टेरिस फीलिक्स* आदि अश्व, शूकर, भेड़ में थायामिनेज विषाक्तता करते हैं (चैम्बर्स एट अल, 1996. होपकिन्स, 1998)। फर्न की उपरोक्त प्रजातियों में प्रमुख रूप से निम्नलिखित घातक विष पाये जाते हैं– (1) टैकुलोसाइड (2) टेरोसिन बी एवम् (3) थायामिनेज।

टैकुलोसाइड : यह एक रंगहीन यौगिक है। इसकी संरचना में नारसिसक्यूटरपीन से ग्लूकोज जुड़ा हुआ होता है (हिरोनो, 1989) (रेखाचित्र 2)। यह रोमंथियों की अस्थि मज्जा में श्वेत रक्ताणु, प्लेटलेटस एवम् लाल रक्त कणिकाओं के निर्माण की प्रक्रिया को बाधित करता है। परिणामस्वरूप रक्त में इनकी संख्या कम होने लगती है। रक्त की वह कोशिकायें जिनका जीवनकाल कम होता है जैसे–प्लेटलेट्स, उन पर प्रभाव सबसे पहले दिखायी देता है तथा जिनका जीवनकाल अधिक होता है जैसे लाल रक्त कणिकायें, उन पर प्रभाव अपेक्षाकृत बाद में दिखायी देता है। इसके अतिरिक्त यह रक्त कोशिकाओं को भी कमजोर

कर देता है। जिससे वह सहजता से टूटने लगती हैं (चीक एवं शुल, 1985. फेनविक, 1988)। टैकुलोसाइड रक्त के थक्का बनने की प्रक्रिया को भी बाधित करता है। इन सभी प्रभावों के चलते विषाक्तता की अवस्था में रोमंथी पशुओं के शरीर के विभिन्न भागों में स्वतः ही रक्त स्राव होता रहता है। भेड़ों में यह रेटिना एवम् टेपीटम को भी क्षतिग्रस्त कर देता है जिससे पशु को तीव्र रोशनी में दिखायी नहीं देता है।

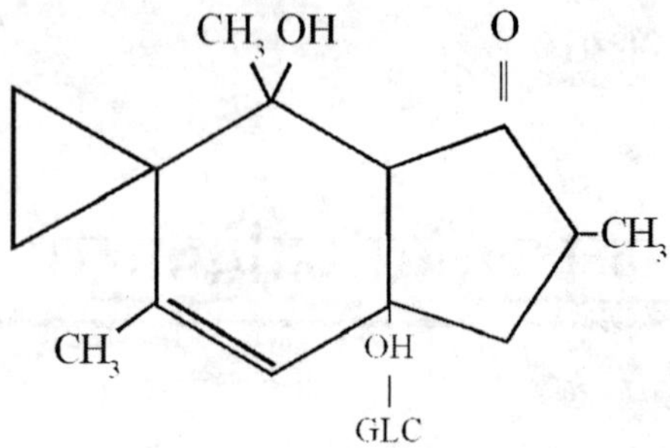

रेखाचित्र 2 : टैकुलोसाइड

टैरोसिन बी/एग्लाइकोन डाइनोन इंटरमीडिएटः क्षारीय माध्यम (उच्च पी.एच.) में टैकुलोसाइड की संरचना से ग्लूकोज अलग हो जाता है, तथा नारसिसक्यूटरपीन कार्बनीकरण प्रक्रिया द्वारा एक अन्य घातक विष टैरोसिन बी का निर्माण करता है, जो कि डी.एन.ए. में एडिनोसिन के नाइट्रोजन से जुड़कर कैंसर उत्पन्न करता है। इस प्रकार विषयुक्त फर्न को अधिक समय तक खाते रहने पर भेड़ में आहारनाल का कैंसर तथा गोपशु में आंत्रीय कैंसर तथा मूत्राशय का कैंसर होता है (इवान्स, 1976)।

थायामिनेजः यह मिथाइल ट्रांसफिरेज प्रकार का थायामिनेज होता है, जो कि आहार में थायामिन नामक विटामिन (विटामिन बी) को तोड़कर पाइरीमिडीन एवं थायाजोल में परिवर्तित कर देता है। ये पदार्थ निष्क्रिय होते हैं तथा मूत्र के साथ शरीर से बाहर निकल जाते हैं। इस प्रकार थायामिनेज के कारण पशु के शरीर में थायामिन (विटामिन बी–1) की कमी होने लगती है। थायामिन की कमी के कारण कार्बोहाइड्रेट, वसा एवं प्रोट्रीन के ऑक्सीजन जनित अपचय के एन्जाइम ठीक प्रकार से कार्य नहीं कर पाते हैं, जिसके फलस्वरूप ए.टी.पी. का उत्पादन कम होने लगता है तथा रक्त में पायरूवेट एवं लैक्टेट की मात्रा बढ़ने लगती है।

फर्न के अन्दर उपरोक्त विष की मात्रा क्षेत्र विशेष एवं वृद्धि के साथ घटती–बढ़ती रहती है। अल्पविकसित फर्न में पूर्ण विकसित की अपेक्षा विष की मात्रा अधिक होती है। प्रकंद (राइजोम) में विष की मात्रा सर्वाधिक होती है।

संवेदनशील पशुः गोपशु विषाक्तता को सर्वाधिक सुग्राही होते हैं। इसके अतिरिक्त भेड़ों में भी रोग होता है। थायामिनेज का सर्वाधिक प्रभाव अश्व तथा शूकर में दिखायी देता है। ऐसे पशु का दूध पीने पर पशुपालक में भी रोग होने की सम्भावना रहती है।

गोपशुः गोपशु टैकुलोसाइड जनित विषाक्तता को अतिसंवदेनशील होते हैं। फर्न को 2 से 4 सप्ताह तक लगातार खाने पर पशु में आविषालुता के लक्षण प्रकट होते हैं। लक्षण

एकाएक प्रकट होते हैं। वयस्क पशु को तीव्र ज्वर (105–109° फा.) होता है। भूख नहीं लगती है। अरक्तता होती है। दृश्य श्लेष्मल पीली पड़ जाती है। श्लेष्मल पर रूधिरांक दिखायी देते हैं। नासाद्वारों से रक्तमिश्रित स्राव बहता है। पशु को प्रवाहिका होता है। गोबर में रक्त आता है। मूत्र एवं योनिस्राव में भी रक्त आता है। धीरे–धीरे रक्त जमना बंद हो जाता है। श्वसन एवं हृदय गति तीव्र हो जाती है। पशु कमजोर होता जाता है। इस प्रकार लक्षणों के प्रकटीकरण के 1 से 3 दिनों के भीतर ही पशु की मृत्यु हो जाती है।

बछड़ों में उपरोक्त लक्षणों के अतिरिक्त कंठशोथ होता है। पशु सुस्त रहता है। मुँह तथा नासिका छिद्रों से म्यूकस बहता है। कंठ के नीचे शोफ होता है। पशु को श्वांस लेने में कठिनाई होती है। श्वसन की गति कम होने लगती है। हृदय के विफल हो जाने से पशु की मृत्यु हो जाती है।

फर्न को कम मात्रा में वर्षो तक खाते रहने पर वयस्क गोपशु एवं भैंसों में गोपशु स्थानिक रक्तमेह (बोवाइन इन्जोटिक हीमेट्यूरिया) नामक रोग होता है। इस रोग में पशु के मूत्र में रक्त आता है। कभी–कभी रक्त के थक्के भी आते हैं। अरक्तता होती है। पशु कमजोर होता जाता है। अंततः लक्षण प्रकट होने के एक से दो सप्ताह में पशु की मृत्यु हो जाती है।

कभी–कभी टेरोसिन–बी के प्रभाव में गोपशुओं के आहारनाल में कैंसर की गांठे बनती हैं। यह कैंसर प्रायः आंत्र में होता है। इसके अतिरिक्त आहारनाल के अन्य भाग जैसे ग्रासनली एवं रोमंथिका में भी गांठे बनती हैं। गोपशु के मूत्र की थैली में भी ट्यूमर की गांठे बनती हैं। मूत्राशय में रक्त भरा रहता है। द्वितीयक जीवाणुओं का संक्रमण होने पर पशु को मूत्राशयशोथ एवं गोणिकवृक्कशोथ (पाइलोनेफ्राइटिस) भी हो जाता है।

भेड़ः भेड़ों में टैकुलोसाइड जनित विषाक्तता प्रायः कम ही होती है। अपरिपक्व फर्न को लगातार दो माह तक खाते रहने पर कुछ पशुओं में रक्तस्राव के मामले दिखायी देते हैं। इन मामलों में प्रभावित भेड़ का वजन कम होने लगता है। पशु उदास एवं सुस्त रहता है। भूख नहीं लगती है। सुरक्ताणु अल्पवर्णी (नारमोसिटिक हाइपोक्रोमिक) अरक्तता होती है। श्लेष्मल पर रूधिरांक एवं शरीर के अन्य भागों में रक्तस्राव के निशान मिलते हैं।

फर्न को कम मात्रा में अधिक समय (वर्षो) तक खाने पर भेड़ों में चमक अंधता (ब्राइट ब्लाइन्डनेस) नामक रोग होता है। इस रोग में पशु की रेटिना क्षतिग्रस्त हो जाती है। पुतली फैल जाती है। पशु को दिखायी नहीं देता है। यद्यपि पशु चुस्त एवं फुर्तीला होता है, किन्तु अंधता के कारण वह ठीक से चल–फिर नहीं पाता है। लड़खड़ाता है। गोपशुओं की ही तरह भेड़ में भी टैरोसिन–बी के प्रभाव में आंत्र, यकृत एवं जबड़ों का कैंसर होता है।

भेड़ में थायामिनेज के प्रभाव में पोलियो मस्तिष्कमृदुता (पोलियोइनसिफैलोमलेसिया) नामक रोग होता है। रोग में पशु खिन्न रहता है। श्वांस लेने में कठिनाई होती है। रोगी पशु

लेट जाता है। पशु बाह्य वातावरण से कट सा जाता है। लक्षण प्रकट होने के 6 से 8 घंटों में ही प्रभावित पशु की मृत्यु हो जाती है।

अश्व: घोड़ों में फर्न से संक्रमित भूसे को 3 से 4 सप्ताह तक लगातार खाने पर थायामिनेज की आविषालुता के लक्षण प्रकट होते हैं। प्रभावित पशु में थायामीन की कमी के कारण तंत्रिका तंत्र से सम्बन्धित लक्षण प्रकट होते हैं। पशु का शरीर जर्जर होने लगता है। चारा खाने के बाद भी वजन लगातार घटता रहता है। पशु थका–थका रहता है। पैरों को चौड़ा कर खड़ा होता है। चलने पर लड़खड़ाता है। शरीर के अंगों में तारतम्यता का अभाव होता है। शरीर में कँपकपी होती है। पशु प्रायः बैठा रहता है। खड़ा नहीं होता है। उठने का प्रयास करने पर गिर पड़ता है। हृदय की गति तीव्र हो जाती है। नाड़ी कमजोर पड़ जाती है। शरीर में ऐंठन होती है। शरीर का ताप बढ़ जाता है। पशु वाह्य वातावरण से कट जाता है। अरक्तता होती है। यदि समय रहते उपचार न किया जाये तो पशु लक्षण प्रकट होने के 2 से 10 दिनों के भीतर मर जाता है।

शूकर: खाने में 25 प्रतिशत तक फर्न के प्रकंद (राइजोम) खाने पर शूकरों में थायामिनेज जनित विषाक्तता के लक्षण प्रकट होते हैं। पशु दाना खाना बंद कर देता है। कमजोर होता जाता है। श्वांस लेने में कठिनाई होती है। फेफड़ों में पानी भर जाता है। शोफ होता है। पित्ताशय का आकार बढ़ जाता है। हृदय आकार में बढ़ा हुआ एवं रंग–बिरंगा होता है। हृदय के काम बंद कर देने से पशु की मृत्यु हो जाती है।

निदानः विषाक्तता का निदान निम्नलिखित प्रकार से किया जा सकता है–

- पशु के भोजन में फर्न के संक्रमण / फर्न के खाने के विषय में जानकारी प्राप्त कर।
- लक्षणों के आधार पर।
- *रक्त परीक्षण द्वारा:* टैकुलोसाइड की आविषालुता में रोमंथी पशुओं के रक्त में प्लेटलेट्स की संख्या सामान्य (5 लाख प्रति माइक्रोलीटर) से अत्यधिक कम (40 हजार प्रति माइक्रोलीटर) हो जाती है। कुल श्वेत रक्ताणुओं की संख्या भी कम होकर 1000 / माइक्रोलीटर तक रह जाती है। उदासीन रंजको की संख्या असामान्य रूप से कम पायी जाती है। लाल रूधिर कणिकायें एवं हीमोग्लोबिन की मात्रा भी सामान्य से काफी कम होती है।

  घोड़ों में थायामिनेज विषाक्तता में, रक्त में थायामिन की मात्रा सामान्य (80–100 मिग्रा / ली) से कम (25–30 माइक्रो ग्राम / ली) तथा पायरूवेट की मात्रा सामान्य (2.0 मिग्रा / डेसीलीटर) से अधिक (8.5 मिग्रा / डेसीलीटर) पायी जाती है।
- *मूत्र परीक्षण द्वारा:* मूत्र में लाल रक्त कणिकायें पायी जाती हैं।

- *शव विच्छेदन द्वाराः* टैकुलोसाइड की आविषालुता में रोमंथी पशुओं के शरीर में जगह–जगह पर रक्तस्राव के निशान मिलते हैं। अस्थि मज्जा पीली होती है। यकृत, फेफड़ों एवं वृक्क में मृत कोशिकाओं के समूह मिलते हैं। गोपशु स्थानिक रक्तमेह (बोवाइन इन्जोटिक हीमेट्यूरिया) में मूत्राशय में ट्यूमर की गांठे एवं रक्त के थक्के तथा रक्त मिलता है। थायामिनेज की विषाक्तता में अश्वों में कोई भी विशिष्ट परिवर्तन दिखायी नहीं देता है। किन्तु, शूकरों में हृदय का आकार बढ़ जाता है तथा वह रंग–बिरंगा दिखायी देता है। फेफड़ों एवं यकृत में लालिमा एवं शोफ होता है। भेड़ों में पोलियो मस्तिष्कमृदुता (पोलियोइनसिफैलोमलेसिया) की निशान देही मिलती है।
- समान लक्षणों वाले अन्य रोग जैसे–एंथ्रेक्स, चिरकारी स्थानिक रक्तमेह (क्रोनिक इन्जोटिक हीमेट्यूरिया), मीठा तिपतिया चारा रोग (स्वीट कुलोवर विषाक्तता) एवं फफूँद जनित विष आदि से विभेदीकृत पहचान कर।

उपचारः लक्षणों को प्रारंभिक चरण में ही पहचान कर आहार से फर्न को हटा देने तथा उपचार करने पर विषाक्तता पर काबू पाया जा सकता है। टैकुलोसाइड की विषाक्तता के उपचार में डी एल–बैटिल ऐल्कोहॉल को प्रयुक्त किया जाता है। यह ऐल्काहॉल अस्थि मज्जा के उत्प्रेरक के रूप में कार्य करता है। उपचार के लिये 5 ग्राम टवीन 80 को 100 मिली सैलाइन में डालकर जल ऊष्मक में रखते हैं। भली–भांति मिश्रित हो जाने पर अब इसमें 2 ग्राम डी एल बैटिल ऐल्कोहॉल को डालकर तेजी से तब तक घोलते हैं जब तक मिश्रण समांग न हो जाये। ठंडा करने पर यदि मिश्रण लगभग पारदर्शी जैसा हो जाये, तब इस एल्कोहॉल के 2 प्रतिशत के घोल की 50 मिली मात्रा को शिराओं द्वारा प्रभावित पशु में प्रतिदिन 4 से 5 दिनों तक लगातार इन्जेक्शन द्वारा प्रविष्ट कराते रहते हैं। साथ ही साथ पशु में जीवाणुरोधी औषधियों का भी इन्जेक्शन देते हैं। यह उपचार केवल विषाक्तता की प्रारम्भिक अवस्था में ही फलदायक होता है। उपरोक्त उपचार के अतिरिक्त रक्त चढ़ाकर भी पशु को लाभ पहुँचाया जा सकता है। इसके अतिरिक्त पशु में रक्तवर्धक भी दिये जा सकते हैं।

थायामिनेज की विषाक्तता के उपचार के लिये घोड़ों में थायामिन की 500 मिग्रा मात्रा का दिन में दो बार, सात दिनों तक लगातार अंतः शिरा या मांसपेशियों में इन्जेक्शन लगाने पर लाभ होता है।

रोकथामः आविषालुता को निम्न प्रकार से होने से रोका जा सकता है–

- पशु को स्वच्छ एवं पौष्टिक चारा खिलाकर।
- चारे में फर्न के संक्रमण को रोककर।

- रसायनों जैसे मेटसल्फूरान–मिथाइल, ग्लाइफोसेट, हैक्साजीनोन आदि द्वारा चारे में ब्रैकन फर्न को नष्ट कर।

संदर्भ

चैम्बर्स, बी. लीगेसी, के. बेन्टले, सी.वी. (1996). फारेस्ट प्लांट ऑफ सेंट्रल ओंटेरियो. इडमोन्टोन अल्बर्टाः लोन पाइन पब्लिशिंग, 341: 359–361।

चीक, पी.आर. एवं शुल, एल.आर. (1985). नैचुरल टॉक्सीकेंट इन फीड्स एंड प्वाइजनस प्लांट्स. ए वी आई पब्लिशिंग कम्पनी, वेस्टपोर्ट, यू.एस.ए. 442।

इवान्स, आई.ए. (1976). रिलेशनसिप बिटिवीन ब्रेकन एंड कैंसर, जर्नल 73: 105–112।

फेनविक, जी. आर. (1988). ब्रेकन (*टेरीडियम एक्यूलाइनम*)–टॉक्सिक इफैक्ट्स एंड टॉक्सिक कान्सटीट्यूएंट, जर्नल 46: 147–173।

हिरोनो, आई. (1989). कार्सिनोजिनिक ब्रेकन ग्लाइकोसाइड्स. इन चीक, पी.आर. टाक्सीकेंट ऑफ प्लांट आर्जिन. वाल्यूम–II ग्लाइकोसाइड्स. सी.आर.सी. प्रेस, ब्रोका रातोन, यू. एस. ए., 277 पेज।

होपकिन्स, ए. (1998). ब्रेकन *(टेरीडियम एक्यूलाइनम)* : इट्स डिस्ट्रीब्यूसन एंड एनीमल हेल्थ इम्प्लीकेसन्स, 146: 316–327।

❑❑❑

अध्याय 8

खेसारी रूग्णता

पर्यायवाची: खेसारी की दाल, अल्मोरटा, मटरी घास, जंगली मटर, लेथिरसता

चित्र 16 : मटरी घास का पौधा

जंगली मटर गोपशु एवं मनुष्यों में लेथिरसता नामक रोग करती है। रोग में मेरूरज्जु क्षतिग्रस्त हो जाता है। पैरों को लकवा मार जाता है। नितंब (ग्लूटिएल) मांसपेशी में क्षीणता होती है। पशु चलने–फिरने में असमर्थ हो जाता है या घिसट–घिसट कर चलता है। मनुष्यों की मेरूरज्जु में स्थायी क्षति होती है। पशुओं की मेरूरज्जु में लालिमा छा जाती है तथा संरचनात्मक परिवर्तन के स्थान पर क्रियात्मक व्यवधान अधिक होता है। रोग नेपाल, बांग्लादेश, इथोपिया, संयुक्त राज्य अमेरिका सहित पूर्व एवं मध्य भारत में बहुतायत में पाया जाता है।

कारण: भारतवर्ष में रोग कारक जंगली मटर की उत्तर प्रदेश, गुजरात, पश्चिम बंगाल, बिहार एवं मध्य प्रदेश के आदिवासी क्षत्रों में खेती की जाती है। यद्यपि इसकी दाल रुग्णता करती है, किन्तु इन स्थानों पर लोग इस फसल को फिर भी उगाते हैं, क्योंकि, वहां की कृषि जलवायु परिस्थिति में, कोई दूसरी फसल नहीं उग पाती है। रोगकारक फसल का पौधा मटर की तरह होता है (चित्र 16)। पौधे का तना कमजोर होता है। पत्तियों के आधार से टेंड्रिलस निकलते हैं। पौधे पर पीले रंग के फूल खिलते हैं। फलियां लगती हैं। फलियों के भीतर बीज बनते हैं। प्रजनन बीजों द्वारा होता है। मनुष्य में रोग जंगली मटर की दाल खाने से होता है। पशुओं में फलीदार मटर का चारा लगातार 3–6 महीनों तक खाने से रोग होता है। रोग में शरीर के निचले भाग में लकवा मार जाता है। लकवे का प्रकोप मुख्यतया मध्यप्रदेश व बिहार के उन आदिवासी क्षेत्रों में बहुत होता है, जहां मटरी घास की खेती एवं भोजन में इसका प्रयोग अधिक होता है। मटर में विष के आधार पर रोग दो प्रकार का होता है–

1. *तंत्रिका लेथिरसता (न्यूरोलथाइरिज्म):* यह रोग प्रायः लेथिरस सेटाइवस (खेसारी कलाय, मटरी घास) या कभी–कभी लेथि. सिसेरा, लेथि. ओकरस या लेथि. क्लाइमेमम को लगातार अधिक समय तक खाते रहने पर होता है। इनमें *लेथिरस सेटाइवस* को जंगली मटर, खेसरी की दाल या अल्मोरटा भी कहते हैं। एशिया तथा यूरोप में इस पौधे को भोजन तथा चारे के लिये उगाते हैं। पौधे के बीज में बीटा– आक्सेलिल– एल–अल्फा–बीटा–डाइऐमीनोप्रापियोनिक अम्ल (ओ डी ए पी) नामक विष होता है। इस विष को बीटा–एन–आक्सेलिल अमीनो–एल–एलानीन (बी ओ ए ए) भी कहते हैं। बीजों में विष की मात्रा 0.1 से लेकर 2.5 प्रतिशत तक होती है (राय एंड स्पेंसर, 1989)। मटर के बीजों की अरहर की दाल, चने की दाल में मिलावट करने पर मनुष्यों में आविषालुता होती है। बीजों को पानी में उबालने या गर्म पानी में बार–बार डालकर निथारने से विष का प्रभाव कम हो जाता है। 140^0 सेग्रे के ताप पर भूनने पर 80 से 90 प्रतिशत तक विष नष्ट हो जाता है। नम ऊष्मा (उबालना, भाप लगाना) बीजों में सल्फर ऐमीनो अम्ल को नष्ट करने वाले प्रोटीनेज संदमक (इन्हविटर) को भी नष्ट कर देती है। इस प्रकार जंगली मटर के बीजों को उबालकर खाने पर विष तथा विष के प्रभाव को बढ़ाने वाले प्रोटीनेस संदमक (इन्हविटर) के नष्ट हो जाने तथा सल्फर ऐमीनो अम्ल के बच जाने से रोग होने का खतरा कम हो जाता है। भोजन के सल्फर वाले ऐमीनो अम्ल, माइट्रोकान्ड्रिया में अवनयित थायोल का निर्माण कर विषाक्तता के प्रभाव को कम करते हैं। विष पानी में अति घुलनशील होता है। जीवाणु एवं यीस्ट जनित किण्वन से विष नष्ट हो जाता है। अन्य विष, जैसे *विसिया सटाइवा* के बीजों में पाया जाने वाला विष बीटा सायनोएलानीन, भोजन में सल्फर ऐमीनो अम्ल के उपापचय को बाधित कर शरीर में इनकी कमी कर इस विष की विषाक्तता के प्रभाव को बढ़ा देता है।

ओ डी ए पी विष, ग्लूटामेट के संरचनात्मक प्रतिरूप की तरह कार्य करता है। ग्लूटामेट केन्द्रीय तंत्रिका तंत्र में उत्तेजक संचारी का कार्य करता है। इस प्रकार विष ग्लूटामेट की तरह तंत्रिकाओं के ए एम पी ए रिसेप्टर पर कार्य कर तंत्रिकाओं को लगातार उत्तेजित करता रहता है। लगातार उत्तेजित रहने के बाद एक स्थिति ऐसी आती है जब तंत्रिकायें धीरे–धीरे कर संवेदनाओं का प्रसरण बंद करने लगती हैं, जिससे पैरों से लकवा मार जाता है, तथा पशु या मनुष्य अपंगता का शिकार हो जाता है (मीडा एट अल, 1999)। विष का माइट्रोकान्ड्रिया पर भी प्रतिकूल प्रभाव पड़ता है। तंत्रिकाओं की माइट्रोकान्ड्रिया में विष के प्रभाव से निकोटिनामाइड एडीनीन डाइन्यूक्लियोटाइड डिहाइड्रोजनेज (एन ए डी एच) नामक एन्जाइम की मात्रा कम हो जाती है। साथ ही साथ आक्सीकरण के कारण थायोल की भी कमी हो जाती है। इस प्रकार एन्जाइम एवं थायोल की कमी से माइट्रोकान्ड्रिया का कार्य रूक जाता है, जिससे तंत्रिकाओं की मृत्यु होने लगती है। इस प्रकार विष के तंत्रिकाओं पर दुष्प्रभाव के चलते पशु चलने में असमर्थ हो जाता है। विष का प्रभाव नितंब (ग्लूटिएल) मांसपेशी पर सर्वाधिक पड़ता है। इससे यह मांसपेशी क्षीण होने लगती है।

2. *अस्थि लेथिरसता (आस्टियोलथाइरिज्म):* रोग मीठी मटर (*लेथिरस ओडोरेटस)* खाने से होता है। मीठी मटर ग्रीष्म ऋतु में उगने वाला एक वार्षिक पौधा है। जिसके फूलों में मदहोश करने वाली सुगंध होती है। इस पौधे की फली तथा बीज में बीटा–एमीनी प्रापियोनाइट्राइल (बी ए पी एन) नामक विष होता है यह विष अस्थि संरचना को प्रभावित कर हड्डियों में दर्द एवं विकृति उत्पन्न करता है, इस रोग को ओडोरेटिज्म भी कहते हैं। इसके अतिरिक्त विष रक्त वाहिकाओं में भी विकृति उत्पन्न करता है जिसे ऐंजियोलथाइरिज्म कहते हैं। अश्व इस रोग को सर्वाधिक सुग्राही होते हैं। इस विष से संरचनात्मक समानता रखने वाले अन्य यौगिक जैसे डाइमिथाइलऐमीनोप्रापियोनाइट्राइल (डी एम ए पी एन) एवं बीटा, बीटा 1– इमीनोडाइप्रापियोनाइट्राइल (आई डी पी एन) मनुष्यों तथा जानवरों में तंत्रिका तंत्र के विष का कार्य करते हैं।

बी ए पी एन अस्थि कोशिकाओं तथा उनके संयोजी ऊतकों पर विपरीत प्रभाव डालता है। अस्थि संयोजी ऊतक में कोलेजन एवं इलैस्टिक तंतु आपस में क्रास लिंकिंग द्वारा एक दूसरे से जुड़े रहते हैं। यह जोड़ कॉपरयुक्त एन्जाइम लाइसल आक्सीडेज द्वारा इन तंतुओं के पेप्टाइड के लाइसीन ऐमीनो अम्ल के आक्सीजनित डीएमीनेशन द्वारा बनता है। वी ए पी एन विष इस लाइसल आक्सीडेज के कार्य को रोक देता है। इस प्रकार कोलेजन तथा इलेस्टिन तंतुओं के बीच बंधन नहीं बंध पाता है। जिस से इन तंतुओं की मजबूती नष्ट हो जाती है। फलतः हड्डियाँ मुड़ने लगती हैं। रक्त वाहिकाओं के संयोजी ऊतक में भी उपरोक्त परिवर्तन होने पर रक्त धमनियों में ऐन्यूरिज्म होता है (बारकर एट अल, 1966)।

लक्षण: तंत्रिका लेथिरसता के लक्षण धीरे–धीरे प्रकट होते हैं। प्रारम्भ में मांसपेशियों में कमजोरी होती है। पैर की मांसपेशियों में कमजोरी के कारण पशु बार–बार शीघ्रता से अपने वजन को एक से दूसरे पैर पर बदलता रहता है। चलने पर अकड़न होती है। मूत्राशय तथा मलाशय की पेशियों में घात होता है। गोपशु तथा घोड़ों में पैर एवं कंठ की मांसपेशियों में घात होता है। कंठ की पेशियों में घात होने से पशु को श्वांस लेने में कठिनाई होती है। नितंब (ग्लूटिएल) मांसपेशी कमजोर होकर क्षीणकाय हो जाती है (कूपर एवं जोहान्सन, 1984)।

अस्थिलेथिरसता (आस्टियोलथाइरिज्म) कंकाल तंत्र का रोग है। यह प्रायः गोपशु, अश्व, चूहों एवं टर्की में होता है। रोग में पशु की पीठ पर कूबड़ बन जाता है। पैरों की हड्डियां मुड़ने लगती है। हड्डियों में पीड़ा होती है। पशु को उठने, बैठने तथा चलने में कठिनाई होती है। चलने पर मांसपेशियों में अकड़न होती है। पशु लड़खड़ाकर चलता है। मांसपेशियों के कमजोर पड़ने से हर्निया होता है। फुफ्फुस धमनी में ऐन्यूरिज्म होता है। हड्डियों पर गांठे पड़ जाती है। गर्भस्थ पशु का हृदय शरीर के बाहर आ जाता है। मध्य गर्भावस्था की अवस्था में खंड तालु, ऐन्यूरिज्म तथा कुब्जता होती है।

घोड़ों में कंकाल तंत्र की विकृति के लक्षण प्रकट होते हैं। पैरों की हड्डियाँ मुड जाती हैं। पीठ पर कूबड़ निकल आता है। हड्डियों में गांठे पड़ जाती है। संयोजी ऊतक कमजोर पड़ जाता है। धमनियाँ फटने लगती हैं (चीक एवं शुल, 1985)। मांसपेशियों में कमजोरी आ जाती है। मुर्गियों को बी ए पी एन खिलाने पर धमनियों में विच्छेदक ऐन्यूरिज्म होने से मृत्यु हो जाती है (सिम्पसन एवं कार्डिलहक, 1983)।

निदानः विषाक्तता का निदान निम्नलिखित प्रकार से किया जा सकता है–

- जंगली मटर को चारे के रूप में खिलाने के विषय में जानकारी प्राप्त कर।
- लक्षणों के आधार पर।
- *मृत पशुओं का शव परीक्षण करः* चिरकारी न्यूरोलथाइरिज्म में मेरूरज्जु तथा पिछले पैरों के अन्य प्रमुख तंत्रिका तंतुओं की विमाइलिनन के निशान मिलते हैं। आस्टियोलथाइरिज्म में अस्थियों में विकृति, मांसपशियों के कोलेजन एवं इलेस्टिक तंतुओं में कमजोरी एवं हड्डियों के क्षीण विकास के निशान मिलते हैं।

उपचारः रोग धीरे–धीरे बढ़ता है। अतः इसका कोई विशिष्ट उपचार नहीं होता है।

रोकथामः आविषालुता को निम्न प्रकार से होने से रोका जा सकता है–

- लगातार कई दिनों तक पशु को जंगली मटर की फलियाँ तथा बीज न खिलाकर।
- बीजों का उबालने के पश्चात् खिलाकर।

संदर्भ

बारकर, बी.इ. फर्नीस, पी. लामार्शे, पी.एच. (1966). पैरीफ्रल ब्लड प्लाज्मासाइटोसिस फालोइंग सिस्टेमिक एक्सपोजर टू *फाइटोलक्का अमेरिकाना* (पोकवीड), जर्नल 38: 490–493।

चीक, पी.आर. एवं शुल, एल. आर. (1985). नैचुरल टॉक्सीकेंट इन फीड्स एंड प्वाइजनस प्लांट्स ए.वी.आई. पब्लिशंग कम्पनी, वेस्टपोर्ट, यू.एस.ए. 492।

मीडा, एच.ए. डायलो, बी. बचेट, जे.पी. (1999). एपीडिमिक ऑफ फैटल इनसिफैलोपैथी इन प्रीस्कूल चिल्ड्रैन इन बरकाइना एंड कन्जमशन ऑफ अनराइप एँक्की (*बिलिधिया सपीडा*) फ्रूट. लैन्सेट 353: 536–540।

रॉय. डी.एन. एवं स्पेंसर, पी.एस. (1989). लाथाइरोजन्स पेज 169–201 इन चीक, पी.आर. एडीशन टॉक्सीकैंटस ऑफ प्लान्ट आर्जिन. वाल्यूम थर्ड, प्रोटीन्स एंड ऐमीनो एसिड्स. सी.आर.सी. प्रेस वोका राटन, यू.एस.ए. 271।

सिम्पसन, सी.एफ. एवं कार्डीलहक, पी.टी. (1983). मारटैलिटी, हीमोडायनामिक्स, एन एरोमैटिक प्रापर्टीज अमांग मेल एंड फीमेल टर्कीज फेड बीटा–ऐमीनोप्रापियोनाइट्राइल. 172: 168–172।

कूपर, एम. आर. एवं जोहान्सन, ए. डब्लू. (1984). प्वाइजनस प्लांट्स इन ब्रिटेन एण्ड दिअर इफैक्ट्स ऑन एनीमल्स एण्ड मैन. हर मैजेस्टीस स्टेशनरी ऑफिस, लंदन, इग्लैण्ड, पेज 305।

❑❑❑

अध्याय 9

सोलोनम प्रजाति के पौधों की आविषालुता

सोलोनेसी परिवार के कुछ पौधों में विषैले ग्लाइकोसाइड तथा स्टेरॉयड युक्त ऐल्केलॉयड होते हैं। इन में से प्रमुख हैं–सोलानीन, सोलानीडीन, सोलाडल्सीडीन, सोलासोडीन, टोमैटीडीन आदि। पौधों में जब यह ऐल्केलॉयड प्रचुर मात्रा में होते हैं, तब इनको खाने से विषाक्तता होती है।

इस प्रजाति के पौधों से होने वाली विषाक्ततायें निम्न हैं–

- *सोलोनम* इसूरेल आस्ट्रेलिया में भेड़ों में "पीठ के कूबड़" का रोग करता है।
- *सोलोनम डिमीडियेटम* अमेरिका में गोपशु में "क्रेजी काड सिंड्रोम" नामक रोग करता है। इसमें पशु के अनुमस्तिष्क (सेरीबेलम) में परकिंजे कोशिकायें नष्ट हो जाने से पशु लड़खड़ा कर चलता है (जेम्स,1980)।
- *सोलोनम इलेग्नीफोलियम, सोलोनम सैकारॉयड, सोलोनम डलकामारा, सोलोनम मिलोनगीना, सोलोनम ट्यूबरोसम* में गर्भस्थ शिशु में विकृति कारक ऐल्केलॉयड होता है (कीलर एट अल, 1990)।
- आलू में सोलानीन नामक ऐल्केलॉयड विषाक्तता उत्पन्न करता है।

आलू की आविषालुता

उपर्युक्त ऐल्केलॉयड में से एक ऐल्केलॉयड सोलानीन है जो हरे तथा अंकुरित हो रहे आलुओं में पाया जाता है (चित्र 17)। जब पशु इन हरे या अंकुरित हो रहे आलू को अधिक मात्रा में खाता है तब उसमें सोलानीन की विषाक्तता के लक्षण प्रकट होते हैं।

चित्र 17 : हरे आलू का कंद

लक्षण: यह विषाक्तता प्रायः शूकरों में पायी जाती है, किन्तु अन्य सभी प्रजातियाँ भी विषाक्तता को समान रूप से सुग्राही होती

हैं। प्रभावित शूकर निढ़ाल हो जाता है। अतिसार होता है। भूख नहीं लगती है। शरीर का तापमान सामान्य से कम हो जाता है। अंततः पशु निश्चेतावस्था में चला जाता है। घोड़ों में उदासी छा जाती है। पशु असहाय सा दिखता है। किन्तु इनमें आहारतंत्र से सम्बन्धित कोई भी लक्षण प्रकट नहीं होता है। गोपशु में त्वचा पर फुन्सियाँ/दाने निकलती हैं। खारिश होती है। मृत पशु का शव विच्छेदन करने पर आंत्रीय म्यूकोसा में लालिमा दिखायी देती है।

उपचार एवं रोकथामः इस विषाक्तता का कोई भी उपचार नहीं है, किन्तु इसको (1) हरे आलुओं को उबाल कर खिलाने, तथा (2) इनकी मात्रा आहार में 25 प्रतिशत से कम रखकर, रोका जा सकता है।

पशु स्थानिक कैल्सियमता (इन्जोटिक कैल्सीनोसिस)

पशु स्थानिक कैल्सियमता गोपशु, अश्व आदि में होने वाला एक ऐसा रोग है जो पशुओं द्वारा सोलोनेसी परिवार के कुछ पौधों जैसे *सोलोनम मैलकॉक्सीलोन, सिस्ट्रम डाइअरमन* आदि के खाने से होता है। इस रोग में पशु के पैर अकड़ने लगते हैं। पशु को चलने–फिरने, उठने–बैठने में कठिनाई होती है।

कारणः सोलोनेसी परिवार के कुछ पौधों जैसे *सोलोनम मैलकॉक्सीलोन, निरमबरजिया विट्ची, सिस्ट्रम डाइअरनम* आदि की पत्तियों में कैल्सीट्रिओल (1, 25 डाइहाइड्राक्सी कोलिकैल्सीफेराल) नामक ग्लाइकोसाइड होता है, जो रोमंथी पशुओं की रोमंथिका के जीवाणुओं, आंत्रीय श्लेष्मल के एन्जाइम एवं पशु की अस्थि कोशिकाओं द्वारा जल विघटित होकर विटामिन डी 3 के समरूप का निर्माण करता है (वोलैंड, 1986)। इस समरूप के प्रभाव में अश्व, गोपशु, भैंस एवं अन्य रोमंथी पशुओं की आंत्र में कैल्सियम का अवशोषण बढ़ जाता है। इसके अतिरिक्त यह अस्थि से कैल्सियम के मुक्त होने की गति को बढ़ा एवं मूत्र में उत्सर्जन की गति को कम कर देता है। इस प्रकार रक्त में कैल्सियम की मात्रा सामान्य से कई गुना अधिक बढ़ जाती है। रक्त का यह कैल्सियम धीरे–धीरे शरीर के विभिन्न अंगों जैसे हृदय, फेफड़ों, वृक्क, रक्त धमनियों आदि में जमा होकर इन अंगों के कार्यों को रोकता है, तथा पशु में रोग के लक्षणों को प्रकट करता है (मेलो एवं हबरमहल, 1998)।

लक्षणः यह चिरकालिक प्रकार का रोग है, जो धीरे–धीरे प्रारम्भ होता है। रोग के प्रारम्भ में पशु का वजन कम होने लगता है। चलने–फिरने में कठिनाई होती है। पैर अकड़ने लगते हैं। पशु शीघ्रता से एक से दूसरे पैर पर अपना वजन बदलता है। पशु को उठने–बैठने में दिक्कत होती है। रक्त वाहिकाओं में कैल्सियम के जमाव को महसूस किया जा सकता है। हृदय की मर्मर को सुना जा सकता है। पशु को उपरोक्त चारे से हटा लेने पर लक्षणों

की तीव्रता धीरे–धीरे कम होने लगती है, किन्तु ऊतकों से कैल्सियम के निकलने में चार से पांच वर्ष लग जाते हैं।

निदानः रोग का निदान निम्नलिखित प्रकार से किया जा सकता है–

- चारे के विषय में जानकारी प्राप्त कर।
- रक्त में कैल्सियम एवं फास्फोरस की बढ़ी हुई मात्रा को ज्ञात कर।
- रेडियोग्राफ द्वारा ऊतकों में कैल्सियम के जमाव को देखकर।
- रक्त धमनियों में कैल्सियम के जमाव को महसूस कर।

उपचार एवं रोकथामः रोग का कोई भी उपचार उपलब्ध नहीं है। पशु को उक्त चारे से हटा लेने पर लक्षण स्वतः ही धीरे–धीरे समाप्त होते जाते हैं।

संदर्भ

वोलैंड, आर.एल. (1986). प्लांट्स एज ए सोर्स ऑफ विटामिन डी–3 मेटाबोलाइट्स, न्यूट्रीशन रिसर्च, 44: 1–7।

मेलो, जे.आर.बी. एवं हबरमहल, जी.जी. (1998). क्वालीटेटिव एंड क्वांटीटेटिव स्टडीज ऑन दि इफैक्ट ऑफ कैल्सिनोजिनिक प्लांट्स, 105: 25।

कीलर, आर.एफ.एट अल (1990). टॉक्सीकान 28: 873।

जेम्स, एल.एफ. (1980). अमेरिकन जनरल ऑफ वेटेरेनरी रिसर्च, 41: 377।

❐❐❐

अध्याय 10

स्वीट कुलोवर जनित आविषालुता

पर्यायवाची: तिपतिया चारा रोग

गोपशु में डिक्यूमेरॉल युक्त चारे को खाने पर स्वीट कुलोवर जनित रक्तस्राव नामक रोग होता है। यह रोग कभी–कभी भेड़ तथा अश्व में भी होता है। कुत्ता तथा बिल्ली में कृत्रिम डिक्यूमेरॉल द्वारा मृत चूहों को खाने से रोग होता है। इस रोग में छोटा सा भी घाव लग जाने पर अत्याधिक मात्रा में रक्तस्राव होता है। रक्तस्राव अधिक मात्रा में होने पर प्रभावित पशु की मृत्यु हो जाती है।

स्वीट कुलोवर: पीले स्वीट कुलोवर *(मेलीलोटस आफीसिनेलिस)* एवं सफेद स्वीट कुलोवर *(मेलीलोटस अल्वा)* को भारतवर्ष, संयुक्त राज्य अमेरिका, कनाडा सहित विभिन्न देश, फली वाले चारे के रूप में उगाते हैं। यह पशुओं के लिये पौष्टिक चारा होता है। स्वीट कुलोवर एक द्विवर्षीय पौधा है जिसकी ऊँचाई 5 फीट (1.5 मीटर) तथा पत्तियाँ संयुक्त होती है। प्रत्येक पत्ती के तीन फलक होते हैं। जिनके किनारे कटे–फटे होते हैं। यह पत्तियाँ एक डंठल द्वारा शाखाओं से जुड़ जाती है। प्रजाति के अनुसार पौधे पर पीले तथा सफेद फूल लगते हैं। स्वीट कुलोवर की फसल को सीधे खाने पर पशु में किसी भी प्रकार का रोग नहीं होता है, किन्तु भली–भांति संरक्षित न करने पर तथा संरक्षण के समय फफूँद का संक्रमण हो जाने पर इसमें डिक्यूमेरॉल नामक विष बन जाता है। इस डिक्यूमेरॉल युक्त चारे को खाने पर पशु में रोग होता है।

आविषालुता को संवेदनशील पशु: आविषालुता प्रायः सभी पशुओं में होती है, किन्तु गोपशु रोग को सर्वाधिक सुग्राही होते हैं। अवयस्क गोपशु में आविषालुता अपेक्षाकृत अधिक होती है। गर्भित पशु में गर्भपात होता है। नवजात बछड़ों में भी विषाक्तता का प्रभाव दिखायी देता है। आविषालुता भेड़, अश्व, शूकर में प्रायः कम होती है। कुत्ता तथा बिल्ली में बारफेरिन से मृत चूहों को खाने पर विषाक्तता होती है। मुर्गे तथा मुर्गियों में भी विष का प्रभाव होता है (डंकन एवं प्रोसे, 1977)।

विष की क्रिया: स्वीट कुलोवर में ग्लाइकोसाइड से जुड़ा हुआ कुमैरिन नामक एक पदार्थ होता है, जो स्वाद में कड़वा होता है, किन्तु स्वीट कुलोवर को सुगंध प्रदान करता है। कुमैरिन स्वयं में विषैला नहीं होता है किन्तु स्वीट कुलोवर से संरक्षित चारे को बनाते

समय सही प्रक्रिया को न अपनाने, खराब मौसम या संरक्षण के समय चारे में *पेनिसिलियम, हेमीकलर, म्यूकर, ऐस्पर्जिलस* नामक फफूँद (फंगस) आदि का संक्रमण हो जाने पर द्वितयन प्रक्रिया द्वारा 3,3 मेथिलीन विस 4 हाइड्रॉक्सी कुमैरिन नामक घातक विष का निर्माण करता है। यह विष पशुओं में रक्तस्राव नामक रोग करता है। संरक्षित चारे में डिक्यूमेरॉल की 20–30 मिग्रा प्रति किलोग्राम चारा की मात्रा गोपशु में विषाक्तता करती है।

डिक्यूमेरॉल का निर्माण कृत्रिम प्रक्रिया द्वारा भी किया जाता है। कृत्रिम रूप से निर्मित डिक्यूमेरॉल को वारफेरिन–3 (एल्फा फिनाइल–बीटा–एसिटिल इथाइल–4 हाइड्राक्सी कुमैरिन) कहते हैं। इस का प्रयोग चूहा मारने के लिये किया जाता है। वारफेरिन से मृत चूहे को खाने से कुत्तों तथा बिल्ली में विषाक्तता होती है। वारफेरिन का आहारनाल से धीरे–धीरे किन्तु पूर्ण अवशोषण होता है। खाने के 6 से 12 घंटों के पश्चात् रक्त में इसकी मात्रा उच्चतम स्तर पर होती है। रक्त में इसकी अधिकांश मात्रा प्लाज्मा प्रोटीन से जुड़ जाती है तथा शेष मात्रा यकृत, प्लीहा एवं वृक्क में एकत्र होने लगती है। रक्त में इसकी अर्धआयु 14.5 घंटे होती है। यकृत में पहुँचने पर माइक्रोसोम के एन्जाइम कुमैरिन को हाइड्रॉक्सिलीकृत मेटाबोलाइट में विघटित कर निष्क्रिय कर देते हैं। निष्क्रिय मेटाबोलाइट मूत्र के साथ शरीर से बाहर निकल जाते हैं। इसी कारण से डिक्यूमेरॉल की विषाक्तता में यकृत के माइक्रोसोम के एन्जाइमों को उत्प्रेरित करने के लिये फीनोबार्बिटोन देते हैं। गर्भित पशुओं में डिक्यूमेरॉल अपरा को पार कर गर्भस्थ शिशु को प्रभावित करता है। जन्म के बाद नवजात बछड़ों में भी विषाक्तता के लक्षण प्रकट होते हैं (बेनसन एट अल, 1981)।

आविषालुताः यकृत के सामान्य रूप से कार्य करने, रक्त के परिसंचरण तंत्र से रिसाव को रोकने तथा रक्त के थक्का बनने में, विटामिन–के की महत्वपूर्ण भूमिका होती है। रोमंथी पशुओं में रोमंथिका के जीवाणु प्रचुर मात्रा में विटामिन–के का निर्माण करते हैं। इसके अतिरिक्त पशुओं को विटामिन–के एवं कैल्सियम युक्त चारे को खिलाने पर भी भरपूर मात्रा में विटामिन–के मिल जाता है।

स्वीट कुलोवर के खराब होने पर उत्पन्न डिक्यूमेरॉल विटामिन–के से प्रतिस्पर्धा कर रक्त के थक्का बनने की प्रक्रिया को रोक देता है। डिक्यूमेरॉल विटामिन–के से प्रतिद्वंदिता कर इस विटामिन पर आधारित रक्त जमाव कराकों–कारक संख्या–II (प्रोथ्रॉम्बिन), कारक संख्या VII (प्रोकन्वर्टिन), कारक संख्या IX (क्रिस्मस कारक) तथा कारक संख्या X (स्टुअर्ट कारक) को सक्रिय होने से रोक देता है। इससे रक्त के जमाव का समय बढ़ जाता है, तथा छोटा सा भी घाव लगने पर पशु में बहुत अधिक मात्रा में रक्त स्राव होता है।

डिक्यूमेरॉल, विटामिन–के इपाक्साइड रिडक्टेज को निष्क्रिय कर देता है, जिससे विटामिन–के 2,3 इपाक्साइड तथा विटामिन–के क्वीनोन का विटामिन–के हाइड्रोक्वीनोन में परिवर्तन नहीं हो पाता है। यह विटामिन–के हाइड्रोक्वीनोन ही उपरोक्त रक्त कारकों को सक्रिय कर रक्त का थक्का जमाता है। इस प्रकार निष्क्रिय विटामिन के इपाक्साइड

रिडक्टेस द्वारा विटामिन–के हाइड्रोक्वीनोन के न बना पाने के कारण ही रक्त का थक्का नहीं बनता है तथा पशु में स्वीट कुलोवर जनित रक्तस्राव नामक रोग होता है (अलस्टैड एट अल, 1985)।

विभिन्न पशु प्रजातियों में डिक्यूमेरॉल/वारफेरिन की भिन्न–भिन्न मात्रा विषाक्तता उत्पन्न करती है। वयस्क रोमंथियों में इसकी मात्रा 200 मिग्रा, भेड़ में 10–30 मिग्रा, मेमनों एवं बछड़ों में 2 मिग्रा, शूकर में 3 मिग्रा, कुत्तों में 5–50 मिग्रा., बिल्ली में 5–50 मिग्रा., चूहों में 50–100 मिग्रा. प्रति किलोग्राम पशु भार होती है (हावर्ड, 1981. मर्फी एवं गरीकेन, 1989)।

डिक्यूमेरॉल को खाने से लेकर विषाक्तता के लक्षण उत्पन्न होने तक के समय पर स्वीट कुलोवर में डिक्यूमेरॉल की मात्रा, स्वीट कुलोवर की प्रजाति, पशु की आयु तथा स्वीट कुलोवर की आहार में मात्रा का प्रभाव पड़ता है।

लक्षणः चोट लग जाने के बाद लगातार रक्त स्राव होना इस विषाक्तता का प्रथम लक्षण है। अतः इसे "स्वीट कुलोवर जनित रक्त स्राव" के नाम से भी जानते हैं । विषाक्तता के प्रारम्भ में पशु सामान्य दिखायी देता है, किन्तु धीरे–धीरे त्वचा, मांसपेशियों एवं श्लेष्मल के नीचे रक्तस्राव तथा रक्त शोफ के कारण पशु कमजोर होता जाता है। त्वचा के नीचे रक्तस्राव, रक्तगुल्म (हीमेटोमा) का रूप ले लेता है। रक्तगुल्म (हीमेटोमा) छूने पर ठंडा एवं पीड़ारहित होता है। शरीर के जोड़ों एवं मांसपेशियों में रक्तस्राव के कारण पशु लंगड़ाकर चलता है। उठने–बैठने में पीड़ा होती है। त्वचा तथा मांसपेशियाँ सख्त हो जाती हैं। नासिका द्वारों से रक्त बहता है। दुधारू पशुओं के दूध में रक्त आता है। अरक्तता होती है। दृश्य श्लेष्मल पीली पड़ जाती है। छोटा सा भी घाव लग जाने पर अत्यधिक मात्रा में रक्त स्राव होता है। रक्त स्राव के कारण पशु शॉक में चला जाता है। प्रारम्भ में पशु का ताप, श्वसन तथा नाड़ी की गति सामान्य रहती है, किन्तु, अति विषाक्तता की अवस्था में हृदय की गति एवं नाड़ी का स्पंदन बढ़ जाता है। कुछ पशुओं में अतिसार होता है। गर्भित पशुओं में प्रसव के समय अत्यधिक रक्तस्राव के कारण पशु की मृत्य तक हो जाती है। नवजात बछड़े के सिर तथा गर्दन पर सूजन होती है। जन्म के कुछ काल के भीतर ही आंतरिक एवं वाह्य रक्तस्राव के कारण पशु की मृत्यु हो जाती है (ब्लैकले, 1985)।

निदानः आविषालुता का निदान निम्नलिखित प्रकार से किया जा सकता है–

- पशु के अधिक समय से संरक्षित कुलोवर के खाने के विषय में जानकारी प्राप्त कर।
- *लक्षणों के आधार परः* रक्त के जमने का समय सामान्य (3 मिनट) से अधिक (15 मिनट) हो जाने पर।
- *रक्त परीक्षण द्वाराः* रक्त में हीमोग्लोबिन की मात्रा कम हो जाती है। पहले प्रोथ्रॉम्बिन, तत्पश्चात्–थ्रॉम्बोप्लास्टिन और अंत में रक्त जमने का समय बढ़ जाता है।

- रक्त प्लाज्मा में विटामिन–के पर निर्भर तथा रक्त का थक्का जमाने वाले कारको, जैसे–कारक संख्या–II (प्रोथ्रॉम्बिन), कारक संख्या–VII (प्रोकन्वर्टिन), कारक संख्या–IX (क्रिस्मस कारक) एवं कारक संख्या–X (स्टुअर्ट कारक) का अध्ययन कर। आजकल प्लाज्मा में आस्टियोकैल्सिन की मात्रा को देखकर विटामिन–के की कमी का अध्ययन करते हैं। आस्टियोकैल्सिन के द्वारा विटामिन –के की मात्रा का निर्धारण वर्तमान समय का सर्वोतम नैदानिक परीक्षण है।
- *शव विच्छेदन द्वारा:* मृत पशु का शव विच्छेदन करने पर उन स्थानों पर जहाँ थोड़ा बहुत घर्षण होता है (जैसे जोड़ों में, स्कैपुला हड्डी पर आदि) की त्वचा के नीचे रक्तस्राव के निशान मिलते हैं। कुछ स्थानों पर रक्तगुल्म (हीमेटोमा) मिलता है। शरीर पीला पड़ जाता है। उदर गुहा में रक्तस्राव मिलता है।
- समान लक्षणों वाले अन्य रोग जैसे–लंगड़ी रोग, गलघोंटू, ब्रेकन फर्न आविषालुता एवं अविकासी अरक्तता आदि से विभेदीकृत पहचान कर।

उपचार: विषाक्तता का पता चलने पर पशु को तुरंत ही स्वीट कुलोवर खिलाना बन्द कर देना चाहिये। साथ ही साथ पशु को विटामिन–के तथा कैल्सियम से भरपूर चारा (जैसे अल्फाल्फा) खिलाना प्रारम्भ कर देना चाहिये।

विटामिन–के, स्वीट कुलोवर जनित विषाक्तता का एक प्राकृतिक प्रतिद्वंदी है, अतः इसकी विषाक्तता के उपचार में विटामिन–के को प्रयुक्त किया जाता है। उपचार के लिये विटामिन–के का गोपशु में 0.5–1.5 मिग्रा प्रति किग्रा. पशु भार तथा शूकर में 2–5 मिग्रा प्रति किग्रा पशु भार की दर से मांसपेशियों में या त्वचा के नीचे इन्जेक्शन लगाते हैं। घोड़ों में 2 मिग्रा प्रति किग्रा पशु भार की दर से शिराओं में इन्जेक्शन लगाते हैं। कुत्ता तथा बिल्ली में विटामिन–के की गोली को 0.25–2.5 मिग्रा प्रतिकिलो पशु भार की दर से मुख मार्ग द्वारा दिया जाता है। आहार मार्ग से दिया गया विटामिन–के शीघ्र एवं तीव्रता से अवशोषित होकर पोर्टल शिरा द्वारा यकृत में पहुँच जाता है। विटामिन–के, के साथ ही कैल्शियम को भी शिराओं द्वारा देने पर विषाक्तता में और शीघ्रता से लाभ मिलता है। उपरोक्त उपचार के अतिरिक्त अतिविषाक्तता की अवस्था में रक्त भी चढ़ाया जा सकता है (मैकडोनाल्ड, 1980)।

रोकथाम: आविषालुता को निम्न प्रकार से होने से रोका जा सकता है–

- स्वीट कुलोवर से संरक्षित चारा भली–भाँति पूर्वक बनाकर।
- संदेह की स्थिति में इस चारे में डिक्यूमेरॉल का परीक्षण कर।
- बेहतर होगा, कि पशु को दो सप्ताह तक स्वीट कुलोवर ततपश्चात् दो सप्ताह तक अन्य चारा एक के बाद एक खिला कर।

- प्रसव या अन्य किसी शल्य क्रिया के तीन सप्ताह पहले ही पशु को स्वीट कुलोवर खिलाना बंद कर।

संदर्भ

अलस्टैड, ए.डी. कैस्पर, एच.एच. जोहान्सन, एल.जे. (1985). विटामिन के ट्रीटमेंट ऑफ स्वीट कुलोवर प्लाइजनिंग इन काब्स, जनरल अमेरिकन वेटेरेनरी मेडीसिन एशोसियेसन, 187: 729–731।

बेनसन, एम.ई. कैस्पर, एच.एच. जोहान्सन, एल.जे. (1981). आकरेन्स एण्ड रेन्ज ऑफ डिकूमेरॉल कनसनट्रेशन इन स्वीट कुलोवर. अमेरिकन जनरल ऑफ वेटेरेनरी रिसर्च, 42: 2014–2015।

ब्लैकले, बी.आर. (1985). मोल्डी स्वीट कुलोवर (डिकूमेरॉल) प्वाइजनिंग इन सस्कैचिवान कैटल, कैनेडियन वेटेरेनरी जनरल, 26: 357–360।

डंकन. जे.आर एवं प्रोसे, के. डब्लू. (1977). वेटेरेनरी लैबोरेट्री मेडीसिन, क्लीनिकल पैथोलॉजी, आईएस.यू. प्रेस।

हावर्ड. जे.एल. (1981). करंट वेटेरेनरी थिरैपी, फूड एनीमल प्रैक्टिस. फिलाडेल्फिया, डब्लू बी. साउंडरस कंपनी।

मैकडोनाल्ड, जी.के. (1980). मोल्डी स्वीट कुलोवर प्वाइजनिंग इन ए हार्स. कैनेडियन वेटेरेनरी जनरल, 21: 250–251।

मर्फी. एम.जे. एवं गरीकेन, डी.एफ. (1989). द एंटीकोएग्लूएंट रोडेन्टीसाइड इन करैंट वेटेरेनरी थिरैपी फार स्माल एनीमल प्रैक्टिस. डब्लू बी. साउंडरस कंपनी, पेज 143–146।

❑❑❑

अध्याय 11

आक्सलेट आविषालुता

भेड़, गोपशु, भैंस एवं अश्व में आक्सलेट की अधिकता वाले पौधों को खाने पर आविषालुता होती है। आविषालुता में शरीर में कैल्सियम की कमी होने लगती है। पशु अवसाद ग्रसित हो जाता है। मांस पेशियों में जकड़न होती है। शरीर का ताप कम हो जाता है। श्वसन एवं स्पंदन की गति तीव्र हो जाती है। रोमंथिका गति शून्य हो जाती है। पशु निढ़ाल होकर पड़ जाता है तथा समय पर उपचार न होने पर पशु की मृत्यु हो जाती है।

कारण: आक्सैलिक अम्ल एक अति अम्लीय एवं विषैला पदार्थ है जो कि ठोस अवस्था में क्रिस्टल के रूप में पाया जाता है। यह स्वयं तो जल में कम घुलनशील होता है, किन्तु इसके सोडियम एवं पोटैशियम के लवण जल में आसानी से घुल जाते हैं। आक्सैलिक अम्ल कुछ जीव जन्तुओं, पादपों एवं कवकों में भी पाया जाता है, जिनमें यह आक्सलेट–आक्सीडेज की क्रिया द्वारा हाइड्रोजन पर आक्साइड का निर्माण करता है। प्राणियों के शरीर में भक्षकाणु इस हाइड्रोजन पर आक्साइड के विस्फोट को घातक जीवाणुओं एवं अन्य वाह्य कणों को नष्ट करने के लिये प्रयुक्त करते हैं (इमस्ले, 1994)।

चित्र 18 : पालक के पत्ते

पौधों में लैक्टेट डिहाइड्रोजिनेज एवं ग्लाइकोलेट आक्सीडेज नामक एन्जाइम ऐस्कॉर्बिक अम्ल एवं ग्लाइआक्सलेट पर क्रिया कर आक्सैलिक अम्ल का निर्माण करते हैं (डेविस एवं असकर, 1983)। यह आक्सैलिक अम्ल कुछ पौधों में घुलनशील या स्वतंत्र अवस्था में कोशिकाओं की धानी में तथा अन्य में अघुलनशील कैल्सियम आक्सलेट के क्रिस्टल के रूप में पेक्टिन के साथ मध्य पटलिका में एकत्र हो जाता है। अघुलनशील कैल्सियम आक्सलेट के इन क्रिस्टलों को "रैफाइड" कहते हैं। घुलनशील आक्सलेट युक्त पौधों को खाने पर जानवरों में आविषालुता होती है। केवल वह पौधे, जिनमें आक्सलेट की सांद्रता शुष्क माप के आधार पर 10 प्रतिशत तक होती है, के खाने पर रोग होता है। पौधों में आक्सलेट की मात्रा पौधे की प्रजाति, आयु, मौसम, जलवायु आदि पर निर्भर करती है। तेजी से बढ़ रहे नये पौधों की पत्तियों में आक्सलेट की मात्रा

सर्वाधिक होती है। हैलोजिटान, रू–बार्ब, पालक, सिटेरिया आदि में आक्सलेट की सांद्रता अपेक्षाकृत अधिक होती है (लाईवर्ट एवं फ्रान्सची,1987)। (चित्र 18)

संवेदनशील पशुः भेड़ आक्सलेट की आविषालुता को सर्वाधिक सुग्राही होती है। इसके अतिरिक्त गोपशु, भैंस, अश्व में भी विषाक्तता होती है। गर्भित एवं दूध देने वाले पशु आविषालुता को अधिक सुग्राही होते हैं। रोमंथी पशुओं की रोमंथिका में जीवाणु आक्सलेट को नष्ट करने का कार्य करते हैं, इसलिये वह पशु जिनके चारे में थोड़ी–थोड़ी मात्रा में आक्सलेट रहता है, उनमें यह जीवाणु तेजी से वृद्धि कर जाते हैं, तथा ऐसे पशु चारे में अधिक मात्रा में आक्सलेट होने पर भी आविषालुता से बच जाते हैं। पहली बार में अधिक आक्सलेट युक्त चारे को खाने वाले पशुओं में आविषालुता तेजी से होती है। घोड़ों में 450 ग्राम सोडियम आक्सलेट के खाने के बाद विषाक्तता होती है, जबकि गोपशु तथा भैंस में 685 ग्राम आक्सैलिक अम्ल खाने के बाद ही विषाक्तता होती है। भेड़ों में 6 ग्राम प्रतिदिन आक्सैलिक अम्ल खाने पर विषाक्तता होती है।

रोमंथी पशुओं की रोमंथिका में रहने वाले जीवाणु जिनमें *आक्सैलोबैक्टर फार्मीजनीज* प्रमुख है, चारे के आक्सलेट को फार्मेट तथा कार्बन डाइ ऑक्साइड में विघटित कर देते हैं। इस प्रक्रिया में उत्पन्न ऊर्जा को यह जीवाणु अपने कार्यों के लिये तथा कार्बन को अपनी संरचना के लिये प्रयुक्त कर लेते हैं (स्टीवर्ट एट अल, 2004)। इस प्रकार यह जीवाणु रोमंथी पशुओं को आक्सलेट की विषाक्तता से बचाने का प्रयास करते हैं। इसके अतिरिक्त रोमंथिका के यह जीवाणु चारे से कैल्सियम को भी अवमुक्त कर देते हैं। अवमुक्त कैल्सियम सामान्यता पशु की छोटी आंत्र में अवशोषित हो जाता है। जीवाणुओं के उपभोग के पश्चात् बचा हुआ आक्सलेट जब छोटी आंत्र में प्रवेश करता है, तब चारे का कैल्सियम, आक्सलेट के साथ क्रिया कर कैल्सियम आक्सलेट का निर्माण करता है। कैल्सियम आक्सलेट एक अघुलनशील यौगिक है। यह पशु के आहारनाल में अवशोषित न होकर गोबर के साथ शरीर के बाहर निकल जाता है। इस प्रकार रोमंथी पशुओं में रोमंथिका के जीवाणु तथा चारे में या चारे के साथ लिया गया कैल्सियम पशुओं में आक्सलेट की विषाक्तता को रोकने तथा कम करने का प्रयास करते हैं।

अन्य शाकाहारी पशुओं (घोड़ा) तथा मनुष्य में उपर्युक्त जीवाणु वृहदांत्र (सीकम, कोलन) में रहते हैं, जबकि कैल्सियम का अवशोषण छोटी आंत्र में होता है। इस कारण से इन पशुओं में चारे का कैल्सियम बंधित अवस्था में रहकर ही शरीर से बाहर निकल जाता है। यदि कुछ कैल्सियम मुक्त अवस्था में होता भी है, तब वह आक्सलेट से क्रिया कर अघुलनशील कैल्सियम आक्सलेट का निर्माण कर लेता है। इस कारण से इन पशुओं के शरीर में कैल्सियम की कमी होने लगती है।

रोगजनात्मकताः घुलनशील आक्सलेट त्वचा, आँख तथा श्वसन तंत्र की श्लेष्मल के सम्पर्क में आने पर जलन उत्पन्न करता है। त्वचा के बार–बार या अधिक समय तक

आक्सलेट के सम्पर्क में रहने पर पशु को खुजली, जलन तथा पीड़ा होती है। कभी–कभी तो त्वचा पर फफोले भी पड़ जाते हैं। श्वसन तंत्र की श्लेष्मल के सम्पर्क में आने पर यह फेफड़ों में शोफ करता है। चारे में अधिक मात्रा में होने पर आक्सलेट 1 से 8 घंटों में छोटी आंत्र की म्यूकोशा द्वारा अवशोषित होकर रक्त में पहुँच जाता है। रक्त में आक्सलेट, कैल्सियम से क्रिया कर अघुलनशील कैल्सियम आक्सलेट का निर्माण करता है। इस से पशु के शरीर में कैल्सियम की मात्रा एकाएक कम हो जाती है तथा शरीर में कैल्सियम की कमी के लक्षण प्रकट होने लगते हैं। घोड़ों में कैल्सियम की मात्रा अपेक्षाकृत अधिक कम हो जाने पर पशु में हाइपरपैराथायराडिज्म नामक रोग हो जाता है।

रक्त परिसंचरण तंत्र में बना अघुलनशील कैल्सियम आक्सलेट, रक्त द्वारा वृक्क में पहुँचकर छोटे–छोटे क्रिस्टल के रूप में एकत्र होने लगता है। इससे वृक्कों तथा उत्सर्जन तंत्र के अन्य भागों में पथरी का निर्माण होता है। वृक्क का आकार बढ़ जाता है। मूत्र उत्सर्जन में कठिनाई होने लगती है। अघुलनशील आक्सलेट के तेज एवं नुकीले क्रिस्टल मुखगुहा, रोमंथिका तथा आहारनाल की श्लेष्मल में घुसकर छोटे–छोटे घाव कर देते हैं जिसमें जीवाणु, फफूँद आदि वृद्धि कर रोग उत्पन्न करते हैं।

प्रायोगिक चूहों के मूत्राशय एवं मूत्र में कैल्सियम आक्सलेट मोनोहाइड्रेट एवं डाइहाइड्रेट के क्रिस्टल की मात्रा तथा सांद्रण बढ़ जाता है। विषाक्तता के समय उत्सर्जन सामान्य रहता है, किन्तु, एन–एसिटिल बीटा–डी ग्लूकोसामिनिडेज की सक्रियता बढ़ जाती है. (यामागुची एट अल, 2005)।

लक्षणः पहली बार तथा अधिक मात्रा में घुलनशील आक्सलेट युक्त चारे को खा लेने पर भेड़ में 2 से 4 घंटे के भीतर ही अति तीव्रता से विषाक्तता के लक्षण प्रकट होते हैं। पशु अवसाद ग्रसित हो जाता है। भूख नहीं लगती है। कमजोरी आ जाती है। पशु चलना–फिरना कम कर देता है। चलने पर लड़खड़ाता है। झुंड से अलग हो जाता है। मांसपेशियों (प्रमुख रूप से चेहरे की) में जकड़न होती है, तथा उन में तारतम्यता का अभाव होने लगता है। ताप सामान्य से कम हो जाता है। श्वसन अनियमित तथा गति तीव्र होने लगती है। स्पंदन की गति तीव्र हो जाती है। मुख से लार गिरती है। अफरा होता है। रोमंथिका गतिहीन हो जाती है। कभी–कभी पशु छूने मात्र से उत्तेजित हो उठता है। पशु निढ़ाल होकर पड़ा रहता है। पुतली फैल जाती है। कुछ समय बाद पशु निश्चेतावस्था में चला जाता है। उचित समय पर उपचार न होने पर कैल्सियम की कमी, रक्त में मूत्र की मात्रा बढ़ जाने तथा दम घुटने से पशु की मृत्यु हो जाती है।

कम मात्रा में तथा अधिक समय तक आक्सलेट युक्त चारे को खाने वाले रोमंथी पशुओं में वृक्क, मूत्राशय एवं मूत्रमार्ग में कैल्सियम आक्सलेट के क्रिस्टल एकत्र होने लगते हैं। कुछ पशुओं में पथरी बन जाती है। कभी–कभी नर पशुओं के मूत्र मार्ग में फॅस जाने पर यह पथरी मूत्रमार्ग को अवरूद्ध कर देती है। इस अवस्था में पशु बार–बार तथा बूँद–बूँद कर मूत्र

त्यागता है। मूत्र त्यागते समय पशु जोर लगाता है। मूत्राशय में पथरी होने पर मूत्र के साथ रक्त आता है। रक्त में यूरिया की मात्रा बढ़ जाती है। पशु की वृद्धि पर प्रभाव पड़ता है। मूत्र मार्ग में जीवाणुओं का संक्रमण होने का खतरा बढ़ जाता है।

अश्वों के पैरों की मांसपेशियाँ अकड़ जाती है। पशु चलना–फिरना कम कर देता है। प्रचुर मात्रा में चारा खाने के उपरान्त भी पशु का वजन कम होता जाता है। मोलर दांत के स्थान पर ऊपर तथा नीचे के जबड़े में सूजन होती है।

अघुलनशील कैल्सियम आक्सलेट के तेज एवं नुकीले क्रिस्टल मुखगुहा, जिह्वा, ग्रसनी एवं मसूड़ों की श्लेष्मा कला में छोटे–छोटे घाव बना देते हैं। जिससे श्लेष्मल सूजकर लाल पड़ जाती है। मुँह से लार गिरती है। जिह्वा बाहर निकल आती है। पशु चारा खाना छोड़ देता है।

निदानः आविषालुता का निदान निम्नलिखित प्रकार से किया जा सकता है–

- पशु द्वारा बहुतायत में आक्सलेट युक्त चारे को खाने के विषय में जानकारी प्राप्त कर।
- लक्षणों के आधार पर।
- *रक्त परीक्षण द्वाराः* रक्त में कैल्सियम एवं पैक्ड सेल वाल्यूम की मात्रा सामान्य से कम तथा पोटैशियम एवं यूरिया नाइट्रोजन की मात्रा अधिक होती है।
- *आहार परीक्षण द्वाराः* चारे में आक्सलेट तथा आक्सलेट उत्पन्न करने वाले फफूँद जनित विष का निदान कर।
- *मूत्र परीक्षण द्वाराः* मूत्र में आक्सलेट क्रिस्टलों का होना सहजता से वृक्क में कैल्सियम आक्सलेट जनित पथरी के होने की तरफ इशारा करता है। इसके अतिरिक्त एक 45 किलो डाल्टन की कैल्सियम मोनोहाइड्रेट को बंधित करने वाली प्रोटीन की मात्रा बढ़ जाना भी आजकल कैल्सियम आक्सलेट जनित पथरी का उत्कृष्ट नैदानिक सूचक माना जाता है (अशोकन एट अल, 2004, 2004ए)।
- *शव परीक्षण द्वाराः* शव विच्छेदन करने पर वृक्क आकार में अपेक्षाकृत बड़े तथा पीले रंग के दिखायी देते हैं। सूक्ष्मदर्शी से अध्ययन करने पर में आक्सलेट के क्रिस्टल के गुच्छे दिखायी देते हैं। शरीर के विभिन्न भागों में रक्तस्राव के निशान मिलते हैं। फेफड़ों में अत्यधिक मात्रा में द्रव तथा रक्त एकत्र हो जाता है। श्वास–प्रणाल (ट्रैकिया) से झाग निकलते हैं।

उपचारः आविषालुता का उपचार निम्न प्रकार से किया जाता है–

- *रक्त में कैल्सियम को सामान्य स्तर तक लानाः* प्रभावित पशु के रक्त में कैल्सियम को सामान्य स्तर तक लाने के लिये कैल्सियम बोरोग्लूकोनेट (25 प्रतिशत) की गोपशु में 300–500 मिली तथा भेड़ में 50–100 मिली मात्रा को शिरा द्वारा धीरे–धीरे चढ़ाते हैं (*नोट : इस समय पशु की नाड़ी के स्पंदन की भी निगरानी करते रहना चाहिये, यदि स्पंदन की गति मंद पड़ती है, तो कैल्सियम बोरोग्लूकोनेट को तुरंत रोक देना चाहिये)*। चढ़ाने से पूर्व कैल्सियम बोरो ग्लूकोनेट के घोल को गुनगने पानी में रखकर उसके तापक्रम को सामान्य कर लेना चाहिये।
- कैल्सियम आक्सलेट के क्रिस्टल को वृक्कों में जमा होने से रोकने के लिये पशु को खूब मात्रा में पानी पिलाना चाहिये।
- *आहारनाल में आक्सलेट को अघुलनशील क्रिस्टल में परिवर्तित करनाः* चारे से मुक्त हुये आक्सलेट को अघुनलशील क्रिस्टल में परिवर्तित कर शरीर से बाहर निकालने के लिये पशु को डाई कैल्सियम फास्फेट तथा कैल्सियम कार्बोनेट (2:1) या नमक (1:3) के मिश्रण के साथ खिलाया जाता है। यह न केवल आक्सलेट के अवशोषण को रोकता है बल्कि रक्त में कैल्सियम की मात्रा को सामान्य बनाये रखने में भी सहायक होता है। पशु को 2 किग्रा प्रति सप्ताह की दर से यह उपचार छः महीने तक करना होता है।
- अघुलनशील आक्सलेट के नुकीले क्रिस्टल से आहारनाल के श्लेष्मल को बचाने के लिये केयोलिन/पेक्टिन का भी प्रयोग किया जा सकता है।

रोकथामः आविषालुता को निम्न से प्रकार से होने से रोका जा सकता है–

- पशु को आक्सलेट की अधिकता वाले चारे को न खिला कर।
- पशु को समय–समय पर कैल्सियम डाई फास्फेट युक्त लवण खिला कर।

संदर्भ

अशोकन, डी. कलाईसेल्वी, पी. फारूख, एम. वारालक्ष्मी, पी. (2004). कैल्सियम आक्सलेट मोनोहाइड्रेट बाइन्डिंग प्रोटीन : ए डायग्नोस्टिक बायोमार्कर फार कैल्सियम आक्सलेट किडनी स्टोन फार्मस. यूरोलाजिकल रिसर्च, 32(5): 357–61।

अशोकन, डी. कलाईसेल्वी, पी. वारालक्ष्मी. पी. (2004 ए). माडुलेटरी इफैक्ट ऑफ दि 23–के.डी. कैल्सियम आक्सलेट मोनोहाइड्रेट बाइन्डिंग प्रोटीन ऑन कैल्सियम आक्सलेट स्टोन फारमेशन डयूरिंग आक्सलेट स्ट्रेस. नेफ्रान, 97(1): 23–30।

डेविस, डी. डी. एवं असकर, एच. (1983). सिन्थैसिस ऑफ आक्सैलिक एसिड बाई एन्जाइम फ्राम लेटुस लीवस. प्लांट फिजियोलॉजी, 72: 134–138।

इम्सले, जे. (1994). रूहबार्ब टाक्सिन फाउंड इन ब्लड. न्यू साइंटिस्ट, 5 नवम्बर, पेज 17।

लाईवर्ट, बी. एवं फ्रान्सची, वी.आर. (1987). आक्सलेट इन क्राप प्लान्ट्स. जनरल एग्रीकल्चर फूड कैमिस्ट्री, 35: 926–938।

स्टीवर्ट. सी.एस. डंकन, एस.एच. सी. डेविड, आर. (2004). *आक्सैलोबैक्टर* फार्मीजनीज एंड इट्स रोल इन आक्सलेट मेटाबोलिज्म इन दि ह्यूमन गट. एफ. इ. एम.एस. माइक्रोबायोलॉजी लेटर्स, 230: 1–7।

यामागुची, एस. वाइसनर, जान, एच. (2005). स्टडी ऑफ ए रैट मॉडल फार कैल्सियम आक्सलेट क्रिस्टल फार्मेशन विदआउट सीवियर रीनल डैमेज इन सलैक्टिड कंडीशन्स. इंटरनेशनल जनरल ऑफ यूरोलॉजी, 12(3): 290–98।

□□□

अध्याय 12

कांग्रेस घास की आविषालुता

कांग्रेस घास, पालतू पशु एवं मनुष्यों में ऐलर्जी, दमा तथा त्वचा सम्बन्धी रोग करती है। इस घास से संक्रमित चारे को खाने पर पशु के आहारनाल में अल्सर बन जाते हैं। इस पौधे का खरपतवार के रूप में बहुतायत में बंजरभूमि, वन्य क्षेत्र एवं चारागाह में सुगमता से उपलब्ध हो जाना तथा पशु द्वारा खा लिये जाने पर आविषालुता एवं रोग उत्पन्न करना पशुपालकों के लिये आर्थिक हानि एवं चिन्ता का विषय है।

कारणः *पार्थेनियम हिस्टेरोफोरस* अमेरिकी मूल का एक फूल वाला पौधा है, जो बंजर, कृषि योग्य भूमि, वन तथा सड़कों के किनारे पर एक खरपतवार के रूप में उगता है। भारतवर्ष में इसे कांग्रेस घास, गाजरी घास, चटक चाँदनी, रामफूल, कड़वी घास आदि नामों से जाना जाता है। यह गाजर के पौधे के समान दिखने वाला एक वर्षीय शाकीय पौधा है, जिसकी लम्बाई 1.5 से 1.0 मीटर तक होती है। तना रोयेदार एवं अत्याधिक शाखायुक्त होता है। एक पौधा 25,000 तक की संख्या में बीज उत्पन्न करता है जो बहुत हल्के एवं पंखयुक्त होते हैं। प्रकाश एवं तापक्रम के प्रति उदासीन होने के कारण यह पौधा पूरे वर्ष भर उगता एवं फलता–फूलता रहता है (चित्र 19)।

चित्र 19 : कांग्रेस घास का पौधा

अमेरिका से आये खाद्यान्न के साथ यह पौधा भी दुर्भाग्यवश भारत में पहुँच गया, तथा पुणे में 1956 में प्रथम बार उगने के बाद से धीरे–धीरे देश भर में फैल गया। वर्तमान समय में यह पौधा खेती योग्य भूमि पर फसलों के साथ खरपतवार के रूप में, सड़कों तथा रेल की पटरियों के साथ लगी भूमि, वन क्षेत्रों, बंजर एवं खाली भूमि पर बहुतायत में उगता है, तथा फसलों एवं सम्पर्क में आने वाले पशुओं तथा मनुष्यों को नुकसान पहुँचाता है। फसलों, वनों, पशु एवं मनुष्यों पर इसके दुष्प्रभावों के कारण इसे आजकल के सबसे खराब खरपतवार के रूप में जाना जाता है।

कांग्रेस घास, मनुष्यों तथा जानवरों में ऐलर्जी , दमा, खुजली, श्वसनशोथ, अतिसार, बाल झड़ना आदि रोग करती है। किन्तु, अमेरिका के लोक साहित्य में इस पौधे को त्वचा

सम्बन्धी रोग के उपचार में कारगर माना गया है (नबी एट अल, 1996)। इस पौधे के गर्म पानी में उबालकर बने निथार को जमैका में कुत्ता तथा अन्य जानवरों के पिस्सू को मारने में प्रयुक्त किया जाता है (मार्टन, 1981)।

कांग्रेस घास का रासायनिक विश्लेषण करने पर पता चलता है कि इसमें सीसक्यूटरपीन लैक्टोन्स नामक विष पाया जाता है। इस विष का पार्थेनिन नामक हिस्सा सर्वाधिक विषैला होता है। इसके अतिरिक्त अन्य भाग जैसे कैफिक अम्ल, वैनिलिक अम्ल, एनसिक अम्ल, क्लोरोजिनिक अम्ल आदि भी मनुष्यों तथा जानवरों में रोग करते हैं (औधिया, 1998)। चूहों में पार्थेनिन की एल डी–50, 42 मिग्रा/किलो पशु भार होती है। मुख मार्ग या शिरा द्वारा शरीर में प्रविष्ट पार्थेनिन दुधारू पशुओं के दूध में उत्सर्जित होता है। ऊतकों में इस की मात्रा वृक्कों में सर्वाधिक होती है। गिन्नी पिग में सीधे हृदय में तथा गोपशु में शिरा द्वारा प्रविष्ट कराने पर पार्थेनिन 30 मिनट के भीतर ही मूत्र में उत्सर्जित होने लगता है। मुखमार्ग से प्रविष्ट पार्थेनिन की मूत्र में अधिकतम सांद्रता 5 घंटे में पायी जाती है (नरसिम्हन एट अल, 1984)। स्नायु रोग तथा गठिया में पार्थेनिन सक्रिय भूमिका निभाता है। रस्तोगी एवं मल्होत्रा (1991) के भारतीय औषधि पादपों के कम्पेनडियम में पार्थेनिन को मनुष्यों में श्वेताणु के गुणसूत्रों के क्षरण कारक तथा चूहों के लाल रूधिराणु के माइक्रोकेन्द्रक बनाने वाले कारक के रूप में वर्णित किया गया है।

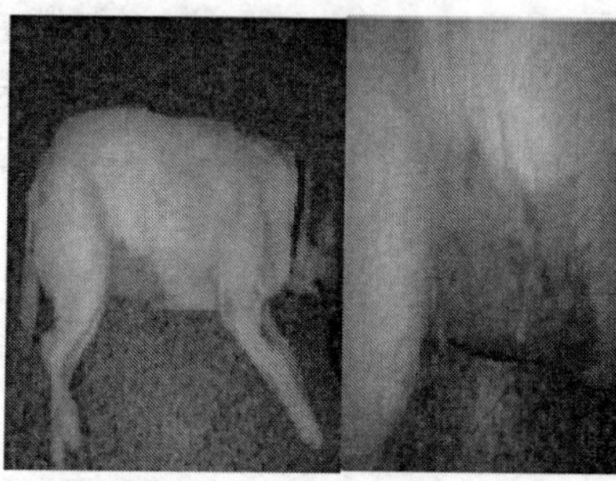

चित्र 20 : कांग्रेस घास से प्रभावित पशु की त्वचा में ऐलर्जी

विषाक्तता: कांग्रेस घास एक घातक खरपतवार है, जो मनुष्यों तथा पशुओं में ऐलर्जी एवं अन्य गंभीर रोग करता है। यह पशुओं में खाज–खुजली, दमा, नाक बहना, श्वाशनिकाशोथ सहित कई अन्य रोग उत्पन्न करता है। भैंस के बच्चों में यह खरपतवार भूख न लगना, अतिसार, खुजली, बालों का झड़ना आदि लक्षण प्रकट करता है (कधने एट अल, 1992)। इस पौधे के सम्पर्क में आने पर मनुष्यों में खुजली, ऐलर्जी, श्वसन सम्बन्धी रोग तथा गोपशु एवं अन्य पशुओं में खुजली होती है। त्वचा पर चकत्ते पड़ जाते हैं। चारे के साथ खा लेने पर मुँह एवं आहारनाल में प्रारम्भ में जलन होती है। अधिक मात्रा में लार गिरती है। घाव (अल्सर) बन जाते हैं। इन घावों से शरीर के भीतर रक्तस्राव होने पर कभी–कभी पशु की मृत्यु तक हो जाती है। आँख के सम्पर्क में आने पर आँख में जलन होती है। त्वचा की ऐलर्जी सूर्य की धूप में बढ़ जाती है। शरीर पर छोटे–छोटे दाने पड़ जाते हैं। त्वचा की ऊपरी परत उखड़ने लगती है (चित्र 20)। आँख सूज जाती है। अश्रु बहते हैं। मुँह तथा नासामार्ग की श्लेष्मल जलन के कारण सूजकर लाल हो जाती है। पशु धर्र–धर्र करते हुये श्वांस लेता है। बार–बार

खाँसी आती है। नासिका द्वारों से स्राव गिरता है। पशु छींकता है और शीघ्र ही थक जाता है।

भैंस एवं संकर नस्ल के बछड़ों को इस खरपतवार से संक्रमित चारा खिलाने पर आविषालुता होती है, जिससे उनकी मृत्यु हो जाती है। शव परीक्षण करने पर इन पशुओं के आहारनाल में घाव मिलते हैं। यकृत, वृक्क तथा त्वचा में भी परिवर्तन दृष्टित होते हैं (नरसिम्हन एट अल, 1977)। यह घास बहुतायत में जंगलों में भी होती है, किन्तु वन्य जीवों पर इसके दुष्प्रभाव के होने का कोई भी संदर्भ उपलब्ध नहीं है।

रोकथामः आविषालुता को निम्न प्रकार से होने से रोका जा सकता है–

- पशु के चारे में कांग्रेस घास का संक्रमण रोककर।
- चारागाह में घास के सम्पर्क को रोककर।
- कांग्रेस घास को खरपतवार नाशकों द्वारा नष्ट कर।
- पौधे को देखते ही जड़ समेत उखाड़कर नष्ट कर।
- कांग्रेस घास पर पत्ती खाने वाले मैक्सिकन बीटल (*जाइगोग्रोमा बाइकोलोराटा*) नाम के कीट शत्रु को छोड़कर।
- गाजर घास के साथ अन्य वनस्पतियों को नष्ट करने के लिए ग्लाइफोसेट (1.0–1.5 प्रतिशत) और घास कुल वनस्पतियों को बचाते हुए केवल गाजर घास को नष्ट करने के लिए मेट्रिब्युजिन (0.3–0.5 प्रतिशत) नाम के रसायनों को प्रयुक्त कर।

संदर्भ

मार्टिन, जे.एफ. (1981). द पजलिंग व्हाइट टाप, *पार्थेनियम हिस्टेरोफोरस :* नाकसियस वीड, हेल्थ हजार्ड, फोक रेमेडी, फ्ली रेपीलेंट, अनपब्लिश रिपोर्ट : यूनीवर्सिटी ऑफ मियामी, फ्लोरिडा।

औधिया, पी. (1998). पार्थेनियम : अ कर्स फार दि बायोडायवर्सिटी आफ छत्तीसगढ़ प्लेन. अबस्ट्रैक्ट, नेशनल रिसर्च सेमिनार आन बायोकैमिकल. चैन्जेज. एन इम्पैक्ट आन इन्वायरोमेंट, आर.डी. गवर्मेंट पी.जी. कालेज, मांडला, 26: 30–31।

रस्तोगी, आर.पी. एवं मल्होत्रा, बी.एन. (1991). कम्पेंडियम आफ इंडियन मेडीसिनल प्लांट्स (वाल्यूम–II, 1970–79). सेन्ट्रल ड्रग रिसर्च इंस्टीट्यूट, लखनऊ एंड पब्लीकेशन एंड इन्फारमेशन डाइरेक्ट्रेट, न्यू दिल्ली।

नरसिम्हन, टी.आर. केशवमूर्ति, बी.एस. हरेन्द्रनाथ, एन. एवं सुब्बाराव. पी.वी. (1984). करैक्ट राइजेशन आफ ए टाक्सिन फ्राम *पार्थेनियम हिस्टेरोफोरस* एंड इट्स मोड आफ एक्सक्रीसन इन एनीमलस. जनरल बायोसाइंस, 6(5): 729–738।

नरसिम्हन, टी. आर. अनंत, एम. स्वामी, एम.एन. बाबू एम.आर. मंगला, ए. एवं राव, पी.वी. (1977). टाक्सीसिटी ऑफ *पार्थेनियम हिस्टेरोफोरस* एल टू कैटल एंड बुफैलो, एक्सपीरेंसिया 33(10): 1358–9।

नबी, एस.सी. मैकफायान, आर.ई. पनेटा, एफ.डी. एडकिन्स, एस. डब्लू. (1996). दि बायोलॉजी ऑफ आस्ट्रेलियन बीड्स, 27. *पार्थेनियम हिस्टेरोफोरस* एल, प्लान्ट प्रोटेक्शन क्वाटर्रली 11(2): 76–88।

❑❑❑

अध्याय 13

आर्जीमोन जनित आविषालुता

कटैया *(आर्जीमोन मेक्सिकाना)*के मिलावट वाला तेल खाने पर मनुष्यों में ड्रॉप्सी / जलशोफ नामक रोग होता है। इस रोग में मनुष्य के हाथ पैरों में शोफ होता है। हृदय की गति अनियंत्रित होने लगती है। पैरों में तीव्र पीड़ा होती है। शरीर में रक्त की मात्रा कम हो जाती है। यदि समय रहते उपचार न किया जाये तो मनुष्य की मृत्यु हो जाती है। गोपशु एवं शूकर में यह पेट में दर्द, अतिसार, फेफड़ों में शोफ, त्वचा के नीचे शोफ, श्वांस लेने में कठिनाई, कमजोरी, वजन में कमी तथा हृदय सम्बन्धी लक्षण उत्पन्न करता है।

कारणः आर्जीमोन गण के अंतर्गत 12 प्रजातियाँ आती हैं। इनमें से प्रमुख हैं-*आर्जीमोन अल्बा, आर्जीमोन प्लेटीसीरस* एवं *आर्जीमोन मेक्सिकाना*। आर्जीमोन मूलतः अमेरिका का पौधा है। इसकी प्रथम दो प्रजातियों में चिकित्सीय गुण होते हैं। आयुर्वेद चिकित्सा पद्धति में इनके मूत्रल (डाइयूरेटिक), विरेचक (परगेटिव) एवं पेट के कीड़ों को मारने के गुणों का वर्णन किया गया है। इसके अतिरिक्त कोढ़, त्वचा सम्बन्धी रोग, जलन एवं पीत ज्वर के उपचार में इनके महत्व को वर्णित किया गया है। पौधे की जड़ों में कीड़ों को नष्ट करने का गुण होता है। इसके अतिरिक्त जड़ें त्वचा के चिरकारी रोगों में भी फायदा करती हैं। कफोत्सारक / कफनाशक (एक्सपेक्टोरैंट) गुण के कारण इन जड़ों को खांसी तथा छाती सम्बन्धी रोगों के उपचार में भी प्रयुक्त किया जाता है। पौधे के बीजों में शामक (डिमलसेंट), उल्टीकारक, कफनाशक (एक्सपेक्टोरैंट) एवं विरेचक (लक्सेटिव) गुण होते हैं। बीजों को कीड़ानाशक एवं शामक औषधि तथा साँप काटने पर आविष के रूप में प्रयुक्त किया जाता है। पौधे में ऐल्केलॉयड होते हैं, जिनको हल्के पीड़ानाशक की तरह प्रयुक्त किया जाता है। *आर्जीमोन* के रस में प्रोटीन को घोलने वाले पदार्थ होते हैं, अतः इस के रस को मस्सा शीत दाह (कोल्ड सोर), खुजली तथा त्वकीय रोगों के उपचार में प्रयुक्त किया जाता है। होम्योपैथिक चिकित्सा पद्धति में इन पौधों से फीताकृति के उपचार के लिये औषधि बनायी जाती है।

आर्जीमोन मेक्सिकाना में *आर्जीमोन* की उत्पत्ति एक ग्रीक शब्द *'अरजीमा'* से हुई है जिसका अर्थ होता है–मोतियाबिंद। प्रारम्भ में इस पौधे का रस मोतियाबिंद के उपचार में प्रयुक्त होता था, अतः इस कारण से पौधे का नाम *आर्जीमोन* पड़ गया। प्रजाति का नाम मेक्सिकाना इसके मूल स्थान अमेरिका के मैक्सिको शहर से आया है। भारत वर्ष में यह पौधा

चित्र 21 : कटैया का फूल एवं सम्पुट युक्त पौधा

समुद्र तल से 2500 मीटर की ऊँचाई तक बंजर, खाली पड़ी हुई भूमि, रेल, सड़क, पगडंडियों के किनारे, खेत, खलिहान, बगीचों एवं पुराने खाली पड़े मकानों, कूड़े के ढ़ेर आदि पर खरपतवार के रूप में उगता है। इसे सामान्य बोलचाल में शैलकाँता, कटैया, सत्यानाशी आदि नामों से जाना जाता है। यह एक वार्षिक पौधा है, जिसकी पत्तियाँ कटी–फटी एवं काँटेदार होती हैं। फूल पीले रंग के एवं आकर्षक होते हैं। फूलों में पीले या सफेद रंग की 4–6 पंखुड़ियाँ होती हैं। छोटे–छोटे काँटेदार डोडो में बीज बनते हैं। पककर फूटने से बीज बिखर जाते हैं। बीज गोल, काले या भूरे रंग के होते हैं तथा सरसों के बीजों की तरह दिखायी देते हैं (चित्र 21)। किन्तु दोनों में निम्न अंतर होता है– (1) सरसों के बीज बिल्कुल चिकने एवं गोल होते हैं, जबकि कटैया के बीजों के किनारे खुरदरे होते हैं, (2) सरसों के बीज अपेक्षाकृत भारी होते हैं। इनका विशिष्ट भार 1.3 तथा कटैया के बीजों का भार 1.08 होता है। सैलाइन जल जिसका विशिष्ट भार लगभग 1.2 होता है, में डालने पर सरसों के बीज डूबकर बैठ जाते हैं, जबकि कटैया के बीज तैरने लगते हैं। इन बीजों से तेल निकाला जाता है। सस्ता होने के कारण इस तेल को दीपक जलाने के काम में लाया जाता है।

आर्जीमोन के तेल में सैंग्यूनैरीन नामक ग्लाइकोसाइड प्रमुख होता है। यह ग्लाइकोसाइड धीरे–धीरे शरीर में एकत्र होता जाता है, तथा कार्बोहाइड्रेट के उपापचय को बाधित करता है। इसके अतिरिक्त तेल में डाइहाइड्रोसैंग्यूनैरीन, बरबेरीन, प्रोटोपीन, आप्टीसीन, सेलरीथ्रीन नामक अन्य विषैले ऐल्केलॉयड होते हैं। सैंग्यूनैरीन त्वचा द्वारा भी अवशोषित हो जाता है (सरकार, 1948. सेफी एट अल, 1979. कौशल एट अल, 1989. बाबू एट अल, 2008. इरूवारम एट अल, 2009)।

भारत वर्ष में कुछ व्यापारी अधिक लाभ कमाने के लिये सरसों के बीजों में कटैया के बीजों की मिलावट करते हैं। इस मिलावटी तेल का प्रयोग करने पर मनुष्यों में ड्राप्सी नामक रोग होता है। यह व्यापारी सरसों के बीजों में कटैया के बीजों की मिलावट अपने आप हो जाने के लिये कुतर्क देते हैं कि दोनों के बीज एक समय में पककर तैयार होते हैं।, इस कारण से दोनों के बीज आपस में मिल जाते हैं। जबकि वास्तविकता यह है, कि सरसों की फसल मार्च में पककर तैयार होती है तथा आर्जीमोन के पौधे में मई में बीज बनते हैं। इसके अतिरिक्त सरसों के पौधे के नीचे आर्जीमोन का पौधा प्रायः नहीं उगता है। अतः दोनों के बीजों की मिलावट स्वतः न होकर, जान बूझकर की गयी होती है। कटैया का तेल जानवरों में भी घातक प्रभाव छोड़ता है। गोपशु एवं शूकरों में वजन कम होने लगता है। आहारनाल में जलन होती है। उदरशूल एवं डायरिया होता है। त्वचा के नीचे शोफ होता है। फेफड़ों

में शोफ होता है। शरीर की गुहाओं में द्रव भर जाता है। हृदय की गति तीव्र एवं अनियंत्रित हो जाती है। श्वांस लेने में कठिनाई होती है (साकामोटो, 1986. दास एट अल, 2005. रेड्डी एवं दास, 2008)।

लक्षणः आविषालुता होने पर रोगी को मतली आती है। अतिसार होता है। हाथ–पैरों में शोफ होता है। शोफ के स्थान पर उँगली से दबाने पर गड्ढ़ा पड़ता है। त्वचा तथा अधोत्वक ऊतक की रक्त वाहिकायें फैल जाती हैं। यकृत आकार में बड़ा हो जाता है। हृदय की मांसपेशियों के तंतु एक दूसरे से दूर हो जाते हैं। हृदय की गति तीव्र एवं अनियमित हो जाती है। रक्त का दाब कम होने लगता है। हृदय का दायां भाग विफल होने लगता है। फेफड़ों में रक्त केशिकाओं से रिसाव के कारण शोफ होता है। आँखों में सबलवाय (ग्लोकोमा) होता है। रेटिना में रक्तस्राव होता है। सामान्यतः रोगी का ताप थोड़ा बढ़ जाता है। पैरों में पीड़ा होती है। त्वचा में कहीं–कहीं पर लाल चकत्ते या गांठे पड़ जाती है। सीरम में एलब्युमिन तथा कैल्सियम की मात्रा कम हो जाती है। रक्त से ऊतकों में द्रव एवं प्रोटीन के रिसाव के कारण शरीर में रक्त की मात्रा कम हो जाती है।

निदानः आविषालुता का निदान निम्नलिखित प्रकार से किया जा सकता है–

- लक्षणों के आधार पर।
- समान लक्षण वाले अन्य रोग जैसे बेरी–बेरी से विभेदीकृत पहचान कर, बेरी–बेरी में परिसरीय तंत्रिकाशोथ (पैरीफ्रल न्यूराइटिस) होती है।
- मूत्र में एच.पी.एल.सी. या तनु स्तर वर्ण लेखन (थिन लेअर क्रोमैटोग्राफी) द्वारा सैंग्यूनैरीन का निदान कर।
- *खाने के तेल में कटैया के तेल का निदान करः* खाने के तेल में कटैया के तेल की मिलावट को पता करने के लिए एक परखनली में 2 मिली तक खाने वाला तेल लेते हैं। इसमें 2 मिली सांद्रित नाइट्रिक अम्ल मिलाकर गर्म करते हैं। गर्म करने पर यदि परखनली की निचली सतह पर लाल परत बनती है तब यह तेल में कटैया के तेल के अपमिश्रण की पुष्टि करता है। इस के पश्चात् एच पी एल सी या तनु स्तर वर्ण लेखन (थिन लेयर क्रोमैटोग्राफी) द्वारा सैंग्यूनैरीन का निदान करते हैं। अपमिश्रित तेल में विषाक्तता को नष्ट करने के लिये तेल को 15 मिनट के लिये 240^0 सेग्रे के ताप पर गर्म करते हैं।

उपचारः आविषालुता का विशिष्ट उपचार नहीं है, अतः सहायक औषधियों द्वारा उपचार करते हैं। इस के लिये कैल्सियम ग्लूकोनेट का इन्फ्यूजन करते हैं। साथ ही साथ कोशाकला को ऑक्सीजन के दुष्प्रभाव से बचाने के लिये विटामिन सी एवं ई के इन्जेक्शन लगाते हैं। हृदय को सुचारू रखने के लिये भी औषधियाँ देते हैं।

रोकथामः आविषालुता के होने को निम्न प्रकार से रोका जा सकता है–

- खाद्य वस्तुओं में कटैया के तेल की मिलावट को रोककर।
- उचित समय पर उपचार कराकर।

संदर्भ

बाबू, सी.के. अंसारी, के.एम. मेहरोत्रा, एस. खन्ना, आर. खन्ना, एस.के. दास, एम. (2008). अल्टरेशन इन रेडाक्स पोटेंशियल आफ ग्लूटाथायोन/ग्लूटाथायोन डाइ सल्फाइड एंड सिस्टीन सिस्टीन डाइ सल्फाइड कपल्स इन प्लाज्मा आफ ड्राप्सी पेशेंट विद आर्जीमोन प्वाइजनिंग. फूड कैम. टॉक्सिकोल, 46(7): 2409–2014।

दास, एम. अंसारी, के.एम. धवन, ए. शुक्ला, वाई. खन्ना, एस.के. (2005). कोरिलेशन आफ डीएनए डैमेज इन एपीडिमिक ड्राप्सी पेशेंट टू कार्सीनोजिनिक पोटेंशियल आफ आर्जीमोन आयल एंड आइसोलेटिड सैंग्यूनैरिन ऐल्केलॉयड इन माइस. इंटरनेशनल जनरल आफ कैंसर. 117(5): 709–17।

इरूवारम, एन.आर. दास. एम. (2009). फीनोटाइप आफ हिपैटिक जीनोबायोटिक मेटाबोलाइजिंग एन्जाइम एंड सी.वाई.पी. 450 आइसोफार्ग आफ सैंग्यूनैरिन ट्रीटिड रैट्स : इफैक्ट आफ पी 450 इन्ड्यूसर्स आन इट्स टॉक्सिसिटी. टॉक्सिकोलाजी मकैनिज्म एंड मेथड्स, 19(8): 510–517।

कौशल, के.यू. मुकुल, डी. अरविन्द, के. गिरराज, बी.एस. सुभाष, के.के. (1989). बायोकैमिकल टाक्सिकोलाजी आफ आर्जीमोन आयल. फोर्थ शार्ट टर्म एंड फीडिंग रेस्पांस इन रैट्स. टॉक्सिकोलाजी, 58: 285–298।

रेड्डी, एन.पी एवं दास, एम. (2008). इंटरैक्शन आफ सैंग्यूनेरीन ऐल्केलॉयड, आइसोलेटिड फ्राम आर्जीमोन आयल विद हिपैटिक साइटोक्रोम पी 450 इन रैट्स टॉक्सिकोलाजी मकैनिज्म एंड मेथड्स, 18(8): 635–43।

साकामोटो, एस. (1986). स्टडीज आफ सैंग्यूनैरीन इन बोन रिर्जापसन माडल्स. कम्पेडियम, कांट्–एडि. डेंट सप्ली. 7: 221–226।

सरकार, एस.एन. (1948). आइसोलेशन फ्राम आर्जीमोन आयल आफ डाइहाइड्रो सैंग्यूनैरीन एंड सैंग्यूनैरीन : टॉक्सिसिटी आफ सग्यूनैरीन एंड सैंग्यूनैरीन.नेचर, 162: 256–266।

सेफी, ई. आदमस, आर.जे. रीमर, आर.के. (1979). सैंग्यूनैरीन ए पाजिटिव आइनोट्रापिक ऐल्केलॉयड विच इन्हविट्स कार्डियक Na^+, K+-ATP. यूरोपियन जनरल आफ फार्माकोलॉजी, 60(4): 373–377।

❑❑❑

अध्याय 14

अहिफेन आविषालुता

पशुओं में डोडा के सूखे हुए कैप्सूल, डंठल या खली को खा लेने पर अहिफेन की आविषालुता होती है। गोपशुओं में बेचैनी होती है। पशु चारा खाना एवं दूध देना बन्द कर देता है। केन्द्रीय तंत्रिका में उत्तेजना, गतिभ्रंश, वमन, आँख में तारा संकोच, श्वसन अवनमन एवं मलबधता के लक्षण प्रकट होते हैं। पशु गहरी निन्द्रा में रहता है या कोमा में चला जाता है। समय पर उचित उपचार न मिलने पर पशु की मृत्यु हो जाती है। अहिफेन आविषालुता के उपचार के लिए इसके विशिष्ट विरोधक नैलोक्सोन को प्रयुक्त किया जाता है।

कारणः अफीम के पौधे को वैज्ञानिक भाषा में *पापावर सोमनीफेरम* कहते हैं। इस नाम की उत्पत्ति लैटिन के तीन शब्दों से हुई है, जिसमें पापावर का अर्थ खसखस, सोमनस का अर्थ निन्द्रा लाने वाला, तथा फेरो का अर्थ कोमा में ले जाने वाला होता है। यह पौधा पापावरेसी परिवार का एक अलंकारिक पौधा है, जिसे सरकार की अनुमति से खेतों में उगाया जाता है। बगीचे में इस प्रजाति को उगाना अवैध होता है। किन्तु, बगीचे में इसकी एक अन्य प्रजाति फूलों के लिए उगायी जाती है। अलंकरण के लिए उगायी जाने वाली इस प्रजाति में ओपियम ऐल्केलॉयड नहीं होता है।

यह एकवार्षिक पौधा है जिसकी लम्बाई 2 फीट होती है। पौधा बलुई, लोम या चिकनी मिट्टी वाले नम स्थानों पर जहाँ जलभराव न हो भली–भाँति उगता है। पौधे का तना सीधा खड़ा रहता है। तने पर पत्तियाँ लगी रहती हैं। पौधे के शीर्ष पर जुलाई से अगस्त माह में फूल खिलते हैं। प्रत्येक फूल में पांच पंखुडियाँ होती हैं। फूल श्वेत, गुलाबी, लाल या बैंगनी रंग के होते हैं। फूल उभयलिंगी होते हैं। पौधे में प्रजनन स्व–निषेचन विधि द्वारा होता है। फल एक कैप्सूल होता है जिसके शीर्ष पर छतरीनुमा संरचना होती है। छतरी में कई सूक्ष्म छिद्र होते हैं जिसमें से निकलकर सूक्ष्माकार बीज बिखर जाते हैं।

उपयोगिताः पौधे के बीज विभिन्न प्रकार की मिठाइयों को बनाने तथा सजाने में प्रयुक्त किये जाते हैं। बीजों से तेल निकाला जाता है। पौधे के कच्चे कैप्सूल से दूधिया रस निकाला जाता है। इस रस में प्राकृतिक रूप में विभिन्न प्रकार के ऐल्केलॉयड जैसे मार्फीन, कोडीन आदि होते हैं, जिन्हें, सामूहिक रूप में अहिफेन कहते हैं। आज कल उन सभी प्राकृतिक एवं कृत्रिम औषधियों को जो शरीर के भीतर अहिफेन व्युत्पाद ग्राहकों पर मार्फीन की तरह कार्य करते हैं, अहिफेन कहते हैं। संरचना के आधार पर अहिफेन पांच प्रकार के

होते हैं (1) *फिनेन्थ्रीनः* मार्फीन, हेरोइन, हाइड्रोमार्फीन, ऑक्सीमार्फीन, हाइड्रोकोडोन, कोडीन, ऑक्सीकोडीन, (2) *मार्फीनेनः* ब्युटारफेनाल, (3) *डाइफेनिलहेप्टेन्सः* मेथाडोन, प्रोपाक्सीफीन, (4) *फेनिलपाइप्रीडीनः* मीपेरीडीन, डाइफिनाक्सीलेट, फेन्टानिल, लोप्रामाइड, प्रोफाडोल, (5) *बेन्जोमारफेन्सः* पेन्टाजोसीन, ब्यूप्रीनारफीन। अहिफेन में भेषजगुणकी तत्व होते हैं। इसे चिकित्सा के क्षेत्र में पीड़ाहर, शामक, कफ संदमक के रूप में प्रयुक्त किया जाता है। इसके अतिरिक्त अहिफेन को अतिसार के उपचार में भी प्रयुक्त किया जाता है। कोडीन के एक नूतन व्युत्पन्न, ट्रामेडोल को पशुचिकित्सा में पीड़ाहर के लिए व्यापक स्तर पर प्रयुक्त किया जाता है।

क्रियाविधिः अहिफेन में मार्फीन, कोडीन, नार्कोटीन सहित लगभग बीस प्रकार के ऐल्केलॉयड होते हैं। इनमें मार्फीन में आसक्ति का गुण होता है। कोडीन पीड़ाहर का कार्य करता है। नार्कोटीन सुसुप्तिकारक होता है। यह ऐल्केलॉयड शरीर के लिम्बिक तंत्र, मेरुरज्जु, थैलेमस, अधश्चेतक, स्ट्रेटम एवं मध्य मस्तिष्क के म्यू, कप्पा, लैम्डा, सिग्मा एवं ईटा अहिफेन ग्राहकों से अन्योन्य क्रिया कर प्रचालक, मिश्रित प्रचालक–विरोधक, एवं विरोधक का कार्य करते हैं। प्रचालक ऐल्केलॉयड ग्राहक से बंधित होकर ग्राहक को सक्रिय कर देते हैं, जिससे मनुष्य तथा पशुओं में पीड़ाहर, केन्द्रीय तंत्रिका तंत्र में अवसाद एवं अन्य तंत्रीय प्रभाव प्रकट होते हैं। विरोधक, ग्राहक से बंधित होकर ग्राहक को सक्रिय होने से रोकते है।

अहिफेन सामान्यतः मुख, गुदा एवं आंत्रेतर मार्ग से अवशोषित होकर रक्त में पहुँच जाते हैं। वसानुरागी अहिफेन नासिका, मुखगुहा, श्वसन (हेरोइन, फेन्टानिल, ब्यूप्रीनारफीन) या पारत्वकीय (फेन्टानिल) मार्ग से अवशोषित होकर रक्त में पहुँचते हैं। कुछ अहिफेन को मुखमार्ग से सेवित करने पर, प्रथम पास प्रभाव के चलते उनकी जैव उपलब्धता में कमी आ जाती है। अवशोषण के पश्चात, अहिफेन शीघ्रतापूर्वक रक्त से निकलकर वृक्क, यकृत, मस्तिष्क, फेफड़ों, तिल्ली, रेखित पेशी एवं अपरा में एकत्र होने लगते हैं। यकृत में अहिफेन संयुग्मन, जल अपघटन, ऑक्सीकरण, डिएल्केलेशन या ग्लूकोरोनीडेसन द्वारा उपापचित होकर मूत्र मार्ग से शरीर के बाहर निकल जाते हैं। कुछ प्राणियों, जैसे बिल्ली में ग्लूकोरीनीडेसन न होने के कारण कुछ अहिफेन की अर्ध–आयु बढ़ जाती है।

लक्षणः पोस्त के पौधे के सभी भागों में दूधिया रस पाया जाता है। रस की सांद्रता कच्ची बोंडी (कैप्सूल) में सर्वाधिक होती है। जानवरों में विषाक्तता पौधे के सूखे डंठल, फल या खल खाने से होती है (फ्रोन एवं फैन्डर, 1983. कूपर एवं जोहान्सन, 1984)। मनुष्यों में डोडा/अफीम को लत में अधिक मात्रा में खा लेने पर आविषालुता होती है। बाजार में विक्रय को लाये गये बीज हानिरहित होते हैं (फुलर एवं मैक्लिंटाक 1986)। आविषालुता उत्पन्न करने वाली अहिफेन की मात्रा में अति विविधता दिखायी देती है। कुत्तों में अधत्वकीय या अंतः शिरीय मार्ग से मार्फीन की 100–200 मिग्रा प्रति किलो पशु भार की मात्रा मृत्योकारक होती है। मनुष्यों में कोडीन की 7–14 मिग्रा प्रति किलोभार की मात्रा घातक होती है। अवयस्कों में हाइड्रोकोडोन की 2.5 मिग्रा मात्रा घातक होती है।

अहिफेन आविषालुता का प्रथम प्रभाव केन्द्रीय तंत्रिका तंत्र, श्वसन, हृदय–परिसंचरण एवं आहारतंत्र पर दृष्टित होता है। आविषालुता में केन्द्रीय तंत्रिका तंत्र में अवसाद, गतिभ्रंश, वमन, आँख में तारासंकोच, श्वसन अवनमन, अल्परक्तदाब, मलबधता, कोमा आदि लक्षण प्रकट होते हैं। कुछ जानवरों जैसे–बिल्ली, अश्व, गोपशु एवं शूकर में केन्द्रीय अवसाद के स्थान पर केन्द्रीय उत्तेजना के लक्षण प्रकट होते हैं।

गोपशुओं में बेचैनी होती है। पशु लगातार इधर–उधर घूमता रहता है। चारा खाना बन्द कर देता है। रोमंथन कम हो जाता है। दूध देना बन्द हो जाता है। पशु गहरी निन्द्रा में चला गया है। लक्षणों में सुधार धीमी गति से होता है। मृत पशु का विच्छेदन करने पर वृक्क तथा आंत्र में शोथ के निशान मिलते हैं। यकृत पीला पड़ जाता है (कूपर एवं जोहान्सन, 1984)। अधिक मात्रा में खाने पर जड़ता, कोमा, श्वसन एवं परिसंचरण में अवनमन के लक्षण प्रकट होते हैं तथा उपचार के अभाव में पशु की मृत्यु हो जाती है।

मुर्गियों में खसखस, कैप्सूल एवं पौधे के अवशेष के दाने में मिश्रित हो जाने पर विषाक्तता होती है। प्रभावित पक्षियों में उत्तेजना, क्षुधाहीनता, उदरशूल, जठरांत्रशोथ के लक्षण प्रकट होते हैं। मांस पेशियों पर नियंत्रण कम हो जाता है। वजन कम होने लगता है।

निदानः आविषालुता का निदान निम्नलिखित प्रकार से किया जा सकता है–

1. अहिफेन युक्त पौधों के खाने की जानकारी प्राप्त कर।
2. लक्षणों के आधार पर।
3. मूत्र में अहिफेन की पुष्टि कर।
4. प्रतिहिमन आविषालुता, अल्पग्लूकोसरक्तता, आइवरमेक्टिन, बार्विटुरेट, बेन्जोडाइएैजोपीन विषाक्तता से विभेदीकृत निदान कर।

उपचारः अहिफेन का नैलोक्सोन एक विशिष्ट विरोधक होता है। नैलोक्सोन से उपचार करने पर आविषालुता क लक्षणों को समाप्त किया जा सकता है। कुत्ते तथा बिल्लियों में इसकी मात्रा 0.02–0.04 मिग्रा प्रति किलो पशु भार की दर से अंतः शिरीय, अधत्वकीय एवं मांसपेशी मार्ग से, खरगोश एवं चूहों में 0.01–0.1 मिग्रा प्रति किलो पशु भार की दर से अधत्वकीय एवं अंतः पर्युदर्या मार्ग से, अश्वों में 0.01–0.02 मिग्रा प्रति किलो पशु भार की दर से अंतः शिरीय मार्ग से दी जाती है। नैलोक्सोन की कार्य अवधि अहिफेन के उपचार से कम होने के कारण इसे दुबारा भी देना पड़ सकता है। उपचार के समय पशु के श्वसन अवनमन पर निकट दृष्टि रखनी चाहिये तथा आवश्यकतानुसार वेंटीलेसन का प्रयोग भी करना चाहिए।

संदर्भ

कूपर, एम. आर. एवं जोहान्सन, ए. डब्लू. (1984). प्वाइजनस प्लांट्स इन ब्रिटेन एण्ड दिअर इफैक्ट्स ऑन एनीमल्स एण्ड मैन. हर मैजेस्टीस स्टेशनरी ऑफिस, लंदन, इग्लैण्ड, पेज 305।

फ्रोन, डी. एवं फैन्डर, एच.जे. (1983). अ कलर एटलस ऑफ प्वाइजनस प्लांट्स, वुल्फे पब्लिशिंग लिमिटेड, लंदन, इंग्लैण्ड, पेज 291।

फुलर, टी. सी. एवं मैक्लिंटाक, ई. (1986), प्वाइजनस प्लांट्स ऑफ कैलीफोर्निया प्रेस, बर्कले, यू.एस.ए., पेज 432।

❑❑❑

अध्याय 15

केलोट्रोपिस जनित आविषालुता

केलोट्रोपिस की दो प्रजातियां *केलो जाइगेन्टिया* (आक / अकौआ) तथा *केलो. प्रोसीरा* (रबर का पौधा) पशु में आविषालुता करती हैं। इन पौधों में कार्डियक ग्लाइकोसाइड नामक विष होता है। पौधे के अरूचिकर एवं स्वाद में कड़वा होने के कारण प्रायः पशु इसे नहीं खाता है। पौधे को खाने पर भेड़ एवं अन्य रोमंथी पशुओं में अतिसार होता है। श्वांस लेने में कठिनाई होती है। यकृत तथा फेफड़ों में क्षति होती है। हृदय की गति अनियंत्रित हो जाती है। समय पर उपचार न होने पर कुछ पशुओं की मृत्यु तक हो जाती है।

कारणः *केलोट्रोपिस* मुख्य रूप से खाली स्थान, बंजर भूमि, खलिहान, सड़क तथा रेल मार्ग के किनारे उगने वाला पौधा है। इस पौधे की दो प्रजातियाँ–*केलोट्रोपिस जाइगेन्टिया* एवं *केलोट्रोपिस प्रोसीरा* प्रमुख हैं। यह दोनों प्रजातियाँ विषैली होती हैं। गोपशु तथा अन्य जानवर कड़वे एवं अरूचिकर स्वाद के कारण इनको प्रायः नहीं खाते हैं। बहुत से कीट पतंगे जैसे मधुमक्खी, ततैया, तितली आदि इन पौधों के भीतर छुप जाते हैं। इन पौधों के रेशे मजबूत होते हैं, तथा रस्सी, गलीचे, मछली पकड़ने के जाल, सिलाई के धागे आदि बनाने के काम आते हैं। बीजों का गूदा किसी भी वस्तु में भरने के काम आता है। पौधे का किण्वत किया हुआ रस नमक में मिलाकर, चमड़ा बनाते समय भेड़, बकरी की खाल से रोंए हटाने के काम आता है। इसके अतिरिक्त यह फफूँदनाशक तथा कीटनाशक के रूप में भी काम आते हैं।

केलोट्रोपिस जाइगेन्टिया को साधारण बोलचाल की भाषा में आक, मदार कहते हैं। इस पौधे की पत्तियों तथा तने से दूधिया रंग का रस निकलने के कारण इसे दूधिया खरपतवार भी कहते हैं (चित्र 22)। यह पौधा खाने पर गोपशु, मनुष्य तथा पक्षियों में विषाक्तता उत्पन्न करता है। पौधे के रस में केलोट्रोपिन, अस्चेरिन, केलोटाक्सिन, केलक्टिन, सैकरीडिन, जाइगेन्टिन एवं अन्य कार्डियक ग्लाइकोसाइड पाये जाते हैं। इस के अतिरिक्त केलोट्रोपिन डी I, डी II, एफ I, एफ II नामक प्रोटिएज एवं अन्य

चित्र 22 : आक का पौधा

चित्र 23 : आक का फल एवं फूल

जहरीले पदार्थ भी पाये जाते हैं, जो श्लेष्मल तथा नाजुक त्वचा पर जलन करते हैं, तथा त्वकशोथ उत्पन्न करते हैं (टी डब्लू आई, 2004)। यह रस स्वाद में कड़वा होता है, किन्तु इसे सफेद दाग, ट्यूमर, जलोदर के उपचार तथा गर्भपात कराने में प्रयोग किया जाता है। रस को बवासीर, पेट के कीड़े मारने, खुजली, सिर के दाद, कोढ़, दमा, ड्रॉप्सी, त्वचीय रोग, गठिया, जोड़ों के दर्द, तिल्ली तथा यकृत के आकार में बढ़ने के उपचार में भी प्रयुक्त करते हैं। इसके अतिरिक्त रस को शरीर पर चीचड़ मारने, हाथी पाँव, अपच, चर्मरोग, मतली, अतिसार, उल्टी, खांसी, ठंड लगने, ज्वर आदि के उपचार में भी गुणकारी पाया गया है। पौधे के सफेद फूल भूख बढ़ाने तथा काम उत्तेजक का कार्य करते हैं। इसके अतिरिक्त बवासीर, श्वांस सम्बन्धी रोग, अल्सर, कोढ़, अपच आदि के उपचार में भी इनको लाभकारी पाया गया है। कैन्सर के उपचार में भी इनको उपयोगी पाया गया है (मोरिस, एट अल, 1964)। इसके अतिरिक्त इनको स्तंभक (एस्टरिनजेंट) की तरह भी प्रयुक्त किया जाता है। पौधे के जड़ की छाल डिप्यूरेटिव, कफनाशक (एक्सपेक्टोरेंट) तथा विरेचक (लैक्सेटिव) के रूप में प्रयोग की जाती है। पत्तियाँ लकवा, गठिया, सूजन, तरंगित ज्वर के उपचार में प्रयोग में लायी जाती हैं। पूरे पौधे को सुखाकर टानिक तथा कफनाशक (एक्सपेक्टोरेंट) के रूप में उपयोग में लाया जाता है।

चित्र 24 : रबड़ का पौधा

केलोट्रोपिस प्रोसीरा को सामान्य भाषा में *"रबड़ का पौधा"* कहते हैं। यह भारत, चीन सहित एशिया के अन्य भागों में, आस्ट्रेलिया, अफ्रीका तथा उत्तरी नाइजीरिया के खाली पड़े हुये स्थानों पर बहुतायत में उगता है (चित्र 24)। यह पौधा, मृदा की उवर्रक तथा जल संचय करने की शक्ति को बढ़ाता है (अगई एट अल, 2007)। इस पौधे को गर्म पानी में उबाल कर बनाये गये निथार को अरेबियन चिकित्सा पद्धति में ज्वर, जोड़ो का दर्द, मांसपेशियों में ऐंठन, मलबधता तथा भारतीय चिकित्सा पद्धति में मांसपेशियों में मरोड़, अतिसार, ज्वर, गठिया, दमा तथा मलबधता के उपचार में उपयोगी पाया गया है (चोपड़ा एट अल, 1965)। पौधे की पत्तियों के जलीय निचोड़ में फिनोल, सैपोनिन,

टैनिन, ग्लाइकोसाइड तथा कार्डिनोलाइड्स का मिश्रण पाया जाता है। पत्तियों में प्रचुर मात्रा में प्रोटीन भी पाया जाता है।

पौधे के रस (लैटेक्स) को कोढ़, अल्सर, ट्यूमर, बवासीर के उपचार में प्रयुक्त किया जाता है। इसके अतिरिक्त रस का प्रायोगिक चूहों में फॉर्मेलिन द्वारा कृत्रिम रूप से बनाये गये शोफ के ऊपर प्रति–ज्वलनशीलता का प्रभाव भी प्राप्त हुआ है (जान्गड़े एट अल, 1994)। रस के एथेनाल के निचोड़ में टेट्राक्स्टीरायल एसीटेट एवं टारक्सकास्ट नामक पदार्थ पाये जाते हैं (राधापंत एट अल, 1989)। इसके अतिरिक्त दूधिया रस में हृदय को विषकारी स्टेरॉयड भी होते हैं (अरोरा, 1982)। पौधे की जड़ का पाउडर आमाशय में पाचक रस का स्राव बढ़ाता है। साथ ही साथ यह पाउडर दमा, श्वसनिका शोथ में भी लाभ करता है। जड़ की छाल ज्वररोधी, कीड़ानाशक, डिप्यूरेटिव, कफनाशक (एक्सपेक्टोरेंट) तथा विरेचक (लक्सेटिव) के रूप में प्रयुक्त होती है। जड़ की छाल से केलोट्राप्टर फीनाइल नामक एक नया नारडाइटरफिनाइल ईस्टर तथा दो केलोट्रोपरसीनाइल एसीटेट एवं केलोट्रोफ्राइडिलिनिल एसीटेट नामक पेंटासायकिलिक ट्राइटरपीनायड प्रथक किये गये हैं। इस पौधे की जड़ की छाल, फूल तथा रस का भारतीय किवदन्तियों में दमा, खांसी, नजला, जुक़ाम श्वसनतंत्र के ऊपरी हिस्से में जलन, त्वचीय रोग आदि के उपचार में वर्णन मिलता है। सूखे हुये वृक्ष का टॉनिक, कफनाशक (एक्सपेक्टोरेंट), डिप्यूरेटिव तथा पेट के कीड़े मारने में प्रयोग का वर्णन है। इसके साथ–साथ पौधे का चूहों में गर्भपात कारक के रूप में भी प्रभाव देखा गया है (प्रकाश एट अल, 1978)। उपर्युक्त दोनों प्रजातियाँ गोपशु, मनुष्य एवं पक्षियों में अनेक रोग भी करती है।

विषः पौधे से निकलने वाला दूधिया रस विषैला तथा जलन कारक होता है। रस का स्तनधारियों पर मरकरी की तरह प्रभाव पड़ता है। अतः इसे वनस्पति का मरकरी कहते हैं, तथा कामउत्तेजक दवाओं में मरकरी के स्थान पर उपयोग करते हैं। पशुओं में यह गर्भाशय की मांसपेशियों में क्रमाकुंचन की गति बढ़ाकर गर्भपात करता है (मिशेल, 2007)। पौधे की जड़े सांप काटने पर उपचार में प्रयुक्त होती हैं।

लक्षणः रबर के पौधे की ताजी पत्तियों को खाने पर भेड़ को भूख नहीं लगती है। अतिसार होता है। श्वांस लेने में कठिनाई होती है। बाल झड़ने लगते हैं। पशु की हालत लगातार बिगड़ती जाती है। कुछ भेड़ों की मृत्यु तक हो जाती है। मृत पशुओं का परीक्षण करने पर यकृत में कोशिकाओं की मृत्य, पोर्टल तंतुमयता, आंत्रीयशोथ, फेफड़ों में लालिमा तथा शोथ, हृदय में रक्त स्राव, वृक्क में मृत रीनल टब्यूल के समूह तथा प्लीहा में हीमोसिडेरिनता के निशान मिलते हैं। सीरम में अमोनिया, सोडियम, पोटैशियम एवं क्रिएटनीन की मात्रा बढ़ तथा कैल्सियम एवं प्रोटीन की मात्रा कम हो जाती है। सुवर्णी सुरक्ताणु अरक्तता होती है (महमूद एट अल, 1979)। कुछ भेड़ों में पत्ते खाने के 30 मिनट के भीतर ही नाड़ी की गति तीव्र तथा हृदय गति अनियंत्रित हो जाती है। इन भेड़ों में हृदय तथा यकृत

की विषाक्तता के लक्षण मिलते हैं (सोटो एट अल, 2001)। ब्राजील में भी कभी–कभी पौधे की ताजी पत्तियों को रोमंथी पशुओं को खिलाने पर विषाक्तता के मामले प्रकाश में आये हैं। प्रायोगिक खरगोश को रबड़ के पौधे के जलीय निचोड़ को सांद्रित कर बने हुये पाउडर को 200 मिग्रा/किलो पशुभार की दर से लगातार 42 दिनों तक खिलाने पर रक्त तथा रासायनिक परिवर्तन के सूचकों में परिवर्तन दिखायी देता है। खरगोश का शव परीक्षण करने पर फेफड़ों एवं यकृत में क्षति के निशान मिलते हैं। यद्यपि परिवर्तन सभी आयु के खरगोश में मिलते हैं किन्तु इनकी तीव्रता 8 सप्ताह से कम आयु के खरगोश में सर्वाधिक होती है (पुओकम एट अल, 2011)।

संदर्भ

अगई, बी.एम. सैलिसू, ए. इबोबो, ए.ए. (2007). अ सर्वे आफ कामन टॉक्सिक प्लांट्स ऑफ लाइवस्टाक इन सोकोटो स्टेट, नाइजीरिया. साइंस रिस. एस्से, 2(2): 40–42।

अरोरा, एस.एस. (1982). *केलोट्रोपिस प्रोसीरा* अ न्यू एंड फ्री सोर्स ऑफ फाइबर एंड रिन्यूबेविल हाइड्रोकार्बन्स. एग्रीकल्चर मकैनाइजेशन इन एशिया, अफ्रीका एंड लैटिन अमेरिका, 13(3): 71–75।

चोपड़ा, आर.एन. भद्वार, आर.एल. घोष, एस. (1965). प्वाइजनस प्लांट्स ऑफ इण्डिया, मैनेजर ऑफ पब्लिकेशन, न्यू देहली।

मोरिस, के.एस. जान, इ.के. सेंज, आर.जे.ए. (1964). केलोट्रोपिस अ साइटोटॉक्सिक प्रिंसपल आइसोलेटिड फ्राम *एस्किलपियास कुरासाविका* साइंस, 146 : 1685–1686।

जान्गड़े, सी.आर. राउत, सी.जी. विसन, वी.वी. (1994). एंटीइन्फ्लेमेटरी एक्टिविटी ऑफ *केलो. प्रोसीरा* लिन. लाइवस्टाक एडवाइजर : 19–291।

महमूद, ओ.एम. अदम, एस.इ.आई. टारटूर, जी. (1979). द इफैक्ट्स ऑफ *केलोट्रोपिस प्रोसीरा* आन स्माल रूमीनेंट्स : दि इफैक्ट्स ऑफ फीडिंग शीप विद द प्लांट. जनरल ऑफ कम्प्रेटिव पैथोलॉजी, 89(2): 241–250।

पुओकम, जी.बी. हातिम, ए. क्रिस्टियाना, डी. अलीयू, ए.एस.डी. ओकवोल, पी. (2011). इन्फ्लूएंस आफ एज आन सबक्रोनिक टॉक्सीसिटी आफ द लीब्स आफ *केलोट्रोपिस प्रोसीरा* ऑन रैबिट्स, जनरल ऑफ टॉक्सिकोलॉजी एंड इन्वायरोमेंटल हेल्थ साइंस, 3(5): 119–126।

प्रकाश, ए.ओ. गुप्ता. आर.बी. माथुर, आर. (1978). इफैक्ट ऑफ ओरल एडमिनिस्ट्रेशन ऑफ फोर्टी टू इंडीजीनस प्लांट एक्सट्रैक्ट ऑन अर्ली एंड लेट प्रगनेंसी इन अल्बीनों रैट्स, प्रोब, 27: 315–323।

राधा पंत. कस्मा, सी. पंत, आर. चतुर्वेदी, के. (1989). आइसोलेशन ऑफ न्यू ट्राइटरपीन फ्राम *केलोट्रोपिस प्रोसीरा* लेटेक्स करेंट साइंस 58: 1093।

सोटो, बी.बी. जमैया डि लीमा. फ्रीटास, एफ.जे.सी. अमोरिन, आर.एन.एल. कमारा, ए.सी. एल. बटिस्टा, जे.एस. (2001). क्लीनिकल एंड पैथोलॉजिकल इफैक्ट्स ऑफ *केलोट्रोपिस प्रोसीरा* एक्सपोजर इन शीप एंड रैट्स, टॉक्सीकान, 57: 183–185।

मिशेल, पी. (2007). सम आस्पैक्ट्स ऑफ कैल्सियम फार्माकोलॉजी, बायोकैमिकल फार्माकोलॉजी नोट्स. थर्ड एडिशन, डिपार्टमेन्ट ऑफ कैमिस्ट्री, वाटरलू यूनीवर्सिटी, कनाडा, पेज 55–61।

❑❑❑

अध्याय 16

हृद ग्लाइकोसाइड आविषालुता

हृद ग्लाइकोसाइड को हृदय के रोगों के उपचार तथा वमन को प्रेरित करने के लिये प्रयुक्त किया जाता रहा है। रोगों के उपचार में इसकी मात्रा निर्देश से थोड़ा सा भी अधिक होने पर रोगी में आविषालुता के लक्षण प्रकट होते हैं। कुछ पौधों में भी विभिन्न प्रकार के हृद ग्लाइकोसाइड पाये जाते हैं। इन पौधों को दुर्घटनावश खा लेने पर मनुष्यों तथा पशुओं में आविषालुता होती है। विषाक्तता में रोगी के हृदय की ताल अनियंत्रित हो जाती है। रोगी को मतली, वमन, अतिसार एवं उदरशूल होता है। सिरदर्द एवं मतिभ्रम होता है। कुत्तों में आक्रामकता बढ़ जाती है या फिर वह कोमा में चले जाते हैं। शीघ्र उपचार न होने पर मृत्यु हो जाती है।

कारणः पौधों में विभिन्न प्रकार के ग्लाइकोसाइड पाये जाते हैं, जो मनुष्यों तथा पशुओं में आविषालुता उत्पन्न करते हैं। इनमें से ग्लाइकोसाइड का एक समूह जो हृदय पर प्रभाव डालता है, को हृद ग्लाइकोसाइड कहते हैं। पौधों में प्राकृतिक रूप से लगभग 200 प्रकार के हृद ग्लाइकोसाइड पाये जाते हैं। इन ग्लाइकोसाइड में से डिजिटॉक्सिन सर्वाधिक घातक होता है। यह ग्लाइकोसाइड मुख्य रूप से *डिजिटेलिस परप्यूरिया* नामक पौधे में पाया जाता है। इस पौधे को फॉक्सग्लोव भी कहते हैं। इसके अतिरिक्त हृद ग्लाइकोसाइड *नेरियम ओलिंडर* (सफेद कनेर), *थिवेटिया नेरीफोलिया* (पीला कनेर), *कोनवालेरिआ मेजेलिस* (घाटी का लिली), *अरजीनिया मेरीटिमा, अरजीनिया इंडिका* (जंगली प्याज), *स्ट्रोफेन्थस ग्रेटस, अपोसाइनम कनाबिनम, कीरेन्थस कीरी* आदि पौधों में भी पाये जाते हैं। पौधों के अतिरिक्त केन टोड (*ब्यूफो मेरिनस*) में पाये जाने वाले वाजीकर पदार्थ भी हृद ग्लाइकोसाइड की आविषालुता उत्पन्न करते हैं।

फॉक्सग्लोव (*डिजिटेलिस परप्यूरिया*) कनाडा में उगने वाला एक आकर्षक द्विवार्षिक पौधा है। प्राकृतिक रूप में यह पौधा पूर्वी कनाडा एवं ब्रिटिश कोलंबिया में उगता है। इसे घर के बाहर अलंकरण के लिये उगाते हैं। घर के भीतर भी पौधे को गमलों में अलंकार के लिये लगाते हैं। एक वर्ष की आयु के पौधे में पत्तियों के गुच्छे कम संख्या में होते हैं। पौधे की पत्तियाँ हानिरहित काम्फी पौधे की पत्तियों की तरह दिखायी देती हैं। एक पौधे से कम से कम दस लाख की संख्या तक बीज उत्पन्न होते हैं। इस प्रकार यह पौधा अवांछित स्थानों पर अति शीघ्रता से फलता–फूलता एवं फैलता जाता है। पौधे की

पत्तियों, फूल एवं बीजों में हृद ग्लाइकोसाइड पाया जाता है। पौधे के सूख जाने पर भी पौधे में विषैले ग्लाइकोसाइड की मात्रा कम नहीं होती है। तने के अग्र भाग पर पायी जाने वाली पत्तियाँ सर्वाधिक विषैली होती है। इनको कुतरने मात्र से ही विषाक्तता उत्पन्न हो सकती है। बीज पकने से ठीक पहले पौधे में विष की मात्रा सबसे अधिक होती है। यह पौधा इतना विषैला होता है कि पौधे की ताजी पत्तियों की 2 ग्राम तथा सूखी पत्तियों की 0.5 ग्राम मात्रा मात्र खा लेने पर मनुष्य की मृत्यु तक हो सकती है। कुछ मनुष्यों में परागकणों के सूँघने से भी विषाक्तता के लक्षण प्रकट होने लगते हैं। पौधे का स्वाद मिर्च की तरह तीक्ष्ण एवं कडुवा/तिक्त होता है। पौधे से अप्रिय गंध आती है। अप्रिय गंध एवं अरूचिकर स्वाद के कारण जानवर प्रायः इस पौधे को नहीं खाते हैं। एशिया में उगने वाले कुछ पौधों में भी हृद ग्लाइकोसाइड पाये जाते हैं जो मनुष्यों में आविषालुता उत्पन्न करते हैं (पार्कर, 1951)।

पौधे की उपयोगिताः डिजिटेलिस पौधे से कई महत्वपूर्ण भैषजिक औषधियों, जैसे डिजिटेलिस एवं डिजॉक्सिन की व्युत्पत्ति की जाती है। यह औषधियाँ हृदयपेशियों के संकुचन की शक्ति को बढ़ा देती हैं। मनुष्यों में इन औषधियों को हृदरक्ताधिक्य की चिकित्सा के लिए प्रयुक्त किया जाता है।

पौधे की आविषालुता

- पौधे की आविषालुता के लिए कुत्ते एवं बिल्लियों सहित लगभग सभी प्रकार के पशु समान रूप से सुग्राही होते हैं।
- अप्रिय गंध एवं अरूचिकर स्वाद होने के कारण पशु इस पौधे को प्रायः नहीं खाते हैं। इससे पशुओं में पौधे की आविषालुता की घटनायें कम होती हैं। लेकिन कभी–कभी अचानक ही तीव्र विषाक्तता उत्पन्न होने से पशु की मृत्यु हो जाती है (थामस, एट अल, 1987)।
- मनुष्यों में विषाक्तता की घटना कभी–कभी ही होती है। बच्चों में पौधे के फूलों को खा लेने या पौधे के फूलदान का पानी पी लेने से विषाक्तता होती है।
- पौधे की पत्तियाँ हानिरहित काम्फी पौधे की पत्तियों के समान होती है। दृष्टिगत समानता के चलते दुर्घटनावश काम्फी पौधे की पत्तियों के स्थान पर, फॉक्सग्लोव के पौधे की पत्तियों की चाय बनाकर पी लेने पर मनुष्यों में आविषालुता होती है।
- दुर्घटनावश पौधे की पत्तियों, फूलों एवं बीजों को खा लेने से मनुष्यों में विषाक्तता होती है।
- हृद ग्लाइकोसाइड जैसे डिजिटेलिस एवं डिजॉक्सिन को मनुष्यों में चिकित्सा के लिए प्रयुक्त किया जाता है। इन औषधियों में सुरक्षा की गुंजाइश बहुत ही कम होती है। चिकित्सा में प्रयोग के समय औषधि निर्देश से थोड़ी सी भी मात्रा अधिक हो

जाने पर रोगी में आविषालुता के लक्षण प्रकट होने लगते हैं (कूपर एवं जोहान्सन, 1984. चीके एवं शुल, 1985. जोबर्ट, 1989)। वर्तमान काल में आविषालुता के अधिकतर मामले चिकित्सा में औषधि के प्रयोग से ही उत्पन्न हो रहे हैं।

- अति शीघ्र ही, त्रुटिवश आंत्र की सफाई करने वाले हर्बल पदार्थ प्लैंटेन के स्थान पर डिजिटेलिस को खा लेने से आविषालुता होने की घटना प्रकाश में आयी है।
- आत्महत्या के प्रयास में या चिकित्सीय उपयोग के लिए स्वयं ही औषधि को प्रयुक्त करने पर आविषालुता होने की सम्भावना होती है।
- एशियाई हर्बल पदार्थों में विद्यमान हृद ग्लाइकोसाइड भी मनुष्यों में आविषालुता करते हैं।

विष का अम्लाइकोन भाग, विष की वसा में घुलनशीलता को बढ़ा देता है, जिससे विष, कोशिका कला में घुलकर शीघ्रता पूर्वक शरीर की सभी कोशिकाओं में प्रविष्ट हो जाता है। सामान्य अवस्था में प्रत्येक कोशिका की कला की बाहरी सतह पर सोडियम आयन की अधिकता एवं धनात्मक विद्युतता तथा कोशिका द्रव्य में क्लोराइड, फॉस्फेट एवं पोटैशियम आयन की अधिकता एवं ऋणात्मक विद्युतता होती है। इसे शान्त अवस्था की कोशिका की कला का मेंम्ब्रेन पोटैंशियल कहते हैं। कोशिका की सतह पर अधिक मात्रा में होने के कारण सोडियम आयन सतह के सोडियम चैनल के रास्ते (मार्ग) से कोशकीय द्रव्य में पहुँचने लगता है। इससे कोशिका की भीतरी सतह पर सोडियम आयन की मात्रा बढ़ने लगती है। कोशिका की सतह पर आयनों की सांद्रता को नियंत्रित करने के लिए कोशिका की कला में एक प्रोटीन होती है जिसे सोडियम कैल्सियम विनिमय प्रोटीन कहते हैं। यह प्रोटीन सक्रिय होकर सतह से कैल्सियम आयन को कोशिका द्रव्य में ले जाती है तथा बदले में कोशिका द्रव्य से सोडियम आयन को सांद्रता के विपरीत सक्रिय रूप में कला की सतह पर ले जाती है। कोशिका के अंदर यह कैल्सियम (एंडोप्लाजमिक) जालिका में एकत्र होने लगता है। कोशिका की कला में एक अन्य प्रोटीन होती है, जिसे सोडियम – पोटैशियम–ऐडेनोसीन ट्राइफॉस्फेटेज पम्प (एन्जाइम) कहते हैं। यह प्रोटीन भी सक्रिय रूप से कोशिका द्रव्य से सोडियम आयन को बाहर लाती है तथा कोशिका सतह पर आयनिक चार्ज को संतुलित करने के लिये सतह से पोटैशियम आयन को अंदर ले जाती है। इस प्रकार शान्त अवस्था में कोशिका की बाहरी सतह पर धनात्मक चार्ज एवं भीतरी सतह पर ऋणात्मक चार्ज बना रहता है।

हृद ग्लाइकोसाइड कोशिका कला में स्थिति सोडियम पोटैशियम ऐडेनोसीन ट्राईफॉस्फेट एन्जाइम प्रोटीन से बंधित होकर इस प्रोटीन को संदमित कर देते हैं। जिससे कोशिका के भीतर सोडियम आयन की मात्रा अप्रत्याशित रूप से बढ़ने लगती है। हृद पेशी के भीतर से सोडियम आयनों को बाहर निकालने के लिए कोशिका कला की सोडियम–कैल्सियम

विनिमय प्रोटीन सक्रिय हो जाती है। इससे कोशिका द्रव्य में कैल्सियम की मात्रा बढ़ जाती है। किन्तु यह प्रोटीन भी कोशिका के भीतर से सोडियम–आयनों को बहुत अधिक मात्रा में बाहर नहीं निकाल पाती है। इस प्रकार कोशिका द्रव्य में सोडियम एवं कैल्सियम की मात्रा बढ़ी हुयी ही रहती है। सोडियम की बढ़ी मात्रा जालिका से और अधिक मात्रा में कैल्सियम को मुक्त करवाती है। कैल्सियम की अधिक मात्रा कैल्मोडुलिन एवं अन्य मार्गो से कोशिका के संकुचन की शक्ति को बढ़ा देती है, जिससे हृदय के संकुचन की शक्ति बढ़ जाती है। किन्तु कोशिका कला की सोडियम–पौटेशियम ऐडेनोसीन ट्राइफॉस्फेट प्रोटीन के संदमन में ही रहने से, कोशिका के अन्दर सोडियम और कैल्सियम की मात्रा बढ़ी हुयी अवस्था में ही रहती है जिससे कोशिका वापस शान्त अवस्था में नहीं आ पाती है। फलस्वरूप हृदयपेशियाँ तथा अन्य पेशियाँ में विध्रुवण के ठीक प्रकार से न होने से हृदपेशी उत्तेजना में ही रहती है। लगातार उत्तेजित अवस्था में रहने से हृदपेशियाँ थक जाती हैं, जिससे हृदमंदता तथा हृदसंरोध होता है। रेखित पेशियों में सोडियम–पोटैशियम–ऐडेनोसीन ट्राइफॉस्फेट प्रोटीन के संदमन से रक्त में पोटैशियम की मात्रा बढ़ जाती है, तथा अतिपोटैशियमरक्तता होती है। हृद ग्लाइकोसाइड प्रमुख रूप से हृदवाहिकामय, तंत्रकीय एवं जठरांत्र तंत्र पर प्रभाव डालते हैं। इनमें से हृदवाहिकामय तंत्र पर सर्वाधिक प्रभाव पड़ता हुआ दृष्टित होता है। हृद ग्लाइकोसाइड हृद पेशी को सीधे तथा वेगोटानिक प्रभाव के द्वारा प्रभावित करते हैं जिससे इस तंत्र पर प्रभाव सर्वाधिक पड़ता है।

हृदय के तंत्रीय संचार केन्द्र में आलिन्द–निलय गाँठ में अनअनुसारी समय काल बढ़ जाता है। आलिंद एवं निलय में अनअनुसारी समय कम हो जाता है। साइनस –आलिंद गाँठ के अनुक्रम में परिवर्तन डिजिटेलिस आविषालुता को इंगित करता है। इस प्रकार किसी भी प्रकार की अतालता, जिसमें स्वचालन बढ़ता है, तथा संचार का प्रवाह घटता है, डिजिटेलिस विषाक्तता के होने को प्रकट करती है। हृद ग्लाइकोसाइड की आविषालुता में हृदमंदता होती है। आलिंद निलय गाँठ में अवरोध, संगम ताल तथा साइनस में संरोध होता है। आविषालुता में लक्षणों के प्रकटीकरण, रूग्णता एवं मृत्युता पर रोगी की आयु, वृक्क दुर्बलता, हृदपेशी अरक्तता, अवटु अल्पक्रियता, अल्पऑक्सीयता एवं इलेक्ट्रोलाइट की अनियमितता जैसे अल्पपोटैशियमरक्तता, अतिपोटैशियमरक्तता, अल्पमैग्नीशियमरक्तता, अतिकैल्सियमरक्तता आदि का बहुत प्रभाव पड़ता है। इसके अतिरिक्त पादप जनित कारक जैसे प्रजाति, खाया गया भाग, पौधे में हृद ग्लाइकोसाइड प्रकार, सांद्रता आदि का भी लक्षणों के प्रकटन पर प्रभाव होता है।

लक्षणः डिजिटेलिस की आविषालुता में लक्षणों के प्रकटीकरण का गुप्तकाल खाये गये पौधे की मात्रा पर निर्भर करता है। हृदस्पंद एवं नाड़ी अनियमित होने लगती है। मनुष्यों में डिजॉक्सिन, डिजिटॉक्सिन एवं अन्य सम्बन्धित रसायनों की चिकित्सा में औषधि निर्देश से थोड़ी सी भी मात्रा अधिक होने पर आविषालुता के लक्षण प्रकट होते हैं। रोगी को मतली आती है। वमन होता है। रक्त में पोटैशियम की मात्रा बढ़ जाती है। हृदय के अग्र अनुक्रम

की ताल गड़बड़ा जाती है। जिससे हृदक्षिप्रता एवं निलय तंतुक होता है। रोगी की डिजॉक्सिन विशिष्ट प्रतिपिंड के परिष्कृत फैब खण्ड से चिकित्सा करने पर आविषालुता के लक्षणों में सकारात्मक बदलाव दृष्टित होता है। यद्यपि तीव्र एवं चिरकारी हृद ग्लाइकोसाइड आविषालुता का उपचार एक ही प्रकार से किया जाता है, किन्तु उनके शर्कराहीन विष के लक्षणों के प्रकटीकरण में असमानतायें दिखायी देती हैं। तीव्र आविषालुता में जठरांत्र से सम्बन्धित लक्षण जैसे मतली, वमन, उदरशूल आदि मिनट से लेकर घंटों में प्रकट होते हैं। स्नायु तंत्र से सम्बन्धित लक्षण जैसे कमजोरी, रूझानहीनता, भ्रमित रहना, आलस्य आदि लक्षण भी प्रकट होते हैं। चिरकारी आविषालुता में, लक्षण अस्पष्ट होते हैं, जिससे, निदान करने में कठिनाई होती है। जठरांत्र से सम्बन्धित लक्षण जैसे–क्षुधाहीनता, मतली, वमन, अतिसार, उदरशूल एवं भार में कमी होना आदि प्रकट होते हैं। भ्रमित रहना, ऊँघना, रूझानहीनता, प्रमाद, सिरदर्द, मतिभ्रम एवं आक्रामक होना जैसे तंत्रिका तंत्र से सम्बन्धित लक्षण भी प्रकट होते हैं। रोगी को प्रकाशभीति होती है। धुंधला दिखायी देता है। दृष्टि से वस्तुओं की दूरी का माप सही नहीं होता है। वर्णी दृष्टि, पीत दृष्टि जैसे वर्ण सम्बन्धी दोष उत्पन्न होने लगते हैं। अवसाद, क्षुधाहीनता, वमन एवं अतिसार जैसे प्रथम दृष्टया लक्षण तो कुछ मनुष्यों में डिजॉक्सिन की निर्देशित चिकित्सीय मात्रा देने पर भी प्रकट होने लगते हैं। इसके अतिरिक्त हृद कोशिका एवं हृद पेशी से सम्बन्धित लक्षण भी प्रकट होते हैं। हृदय की ताल अनियंत्रित होने से हृदपात का खतरा उत्पन्न हो जाता है। हृदय से सम्बन्धित लक्षण, तीव्र एवं चिरकारी दोनों ही प्रकार की आविषालुता में एक जैसे ही प्रकट होते हैं। औषधि की मात्रा अधिक हो जाने पर कुत्तों में आक्रामकता बढ़ जाती है या वह कोमा में चले जाते हैं। घुमनी आती है। अतालता होती है। धड़कन अनियंत्रित हो जाती है। वक्ष पर दबाब बना रहता है। श्वांस धीमी होने लगती है। रोगी मूर्छित होने लगता है। अधोलिखित प्रकार की अतालता होती हैः (i) हृदक्षिप्रतालता जैसे आलिन्द हृदक्षिप्रता एवं अवरोध, (ii) संगम हृदक्षिप्रता, (iii) निलय हृदक्षिप्रता, (iv) निलय तंतुविकंपन (v) पैराक्समल आलिन्द हृदक्षिप्रता एवं अवरोध, तथा (vi) द्विमार्गी निलय हृदक्षिप्रता।

निदानः आविषालुता का निदान निम्नलिखित प्रकार से किया जा सकता है–

- हृदग्लाइकोसाइड युक्त पादपों के खाने तथा डिजॉक्सिन के उपचार के विषय में जानकारी प्राप्त कर।
- लक्षणों के आधार पर।
- रक्त सीरम में चिकित्सार्थ प्रयुक्त डिजॉक्सिन की मात्रा निर्धारित कर।
- रक्त में इलेक्ट्रोलाइट, कोशिका गणना एवं अंगों के ठीक प्रकार से कार्य करने के परीक्षण द्वारा।

- वैद्युत हृदलेख से अतालता को ज्ञात कर।
- *शव परीक्षण द्वारा :* शूकरों के शव विच्छेदन करने पर जठरांत्रशोथज, तिल्ली के किनारों पर रंध्रक परिगलन के चिन्ह तथा हृदय के तंत्रीकीय तंतुओं में वसीय अपविकास की निशानदेही प्राप्त कर।

उपचारः डिजॉक्सिन को चिकित्सा में लेने वाले कुत्ते में आविषालुता के लक्षण प्रकट होने पर डिजॉक्सिन के उपयोग को तुरन्त रोक देना चाहिये। पादप जनित विषाक्तता होने पर सक्रिय चारकोल तथा प्रेरित वमन द्वारा आमाशय से पौधे के शेष बचे हुये भाग को निकालने का प्रयत्न करना चाहिये। हृदय की ताल को नियंत्रित करने के लिए प्रतिअतालता औषधि को प्रयुक्त किया जा सकता है। इलेक्ट्रोलाइट को संतुलित करने के लिये इलेक्ट्रोलाइट युक्त समतानी को भी उपयोग में लाया जा सकता है। मनुष्यों में रक्त में शेष बचे हृद ग्लाइकोसाइड को बंधित करने के लिऐ प्रतिपिण्ड उपचार का भी उपयोग किया जाता है। किन्तु, जानवरों में यह उपचार मंहगा साबित होता है।

रहन सहन का प्रबन्धः हृदय में जब रक्त के आगमन की मात्रा अधिक तथा निर्गम की मात्रा अपेक्षाकृत कम होती है, तब धीरे–धीरे कर दोनों मात्राओं के बीच का रक्त हृदय में एकत्र होने लगता है। इस रक्त को समाहित करने के लिए हृदय का आकार बढ़ने लगता है। इस स्थिति की रक्ताधिक्यज हृदपात कहते हैं। इस स्थिति से निपटने के लिए डिजॉक्सिन द्वारा हृदय के संकुचन की शक्ति को बढ़ाकर अतिरिक्त रक्त को बाहर निकाला जाता है। इस प्रकार रक्ताधिक्यज हृदपात के उपचार में डिजॉक्सिन को प्रयुक्त किया जाता है। इस औषधि से उपचार के समय रक्त में एक समयान्तराल पर औषधि की मात्रा का बराबर निरीक्षण करते रहना चाहिये। आविषालुता के लक्षण प्रकट होने पर औषधि के प्रयोग को तुरन्त रोक देना चाहिये। यद्यपि आविषालुता के स्तर से कम आने पर औषधि को पुनः प्रयोग में लाया जा सकता है।

संदर्भ

चीके, पी. आर. एवं शुल, एल. आर. (1985). नैचुरल टॉक्सीकैंटस इन फीड एण्ड प्वाइजिनस प्लांट्स, ए.वी.आई. पब्लिशिंग कम्पनी, वेस्टपोर्ट, यू.एस.ए. पेज 492 ।

कूपर, एम. आर. एवं जोहान्सन, ए. डब्लू. (1984). प्वाइजनस प्लांट्स इन ब्रिट्रेन एण्ड दिअर इफैक्ट्स आन एनीमल्स एण्ड मैन. हर मैजेस्टीस स्टेशनरी ऑफिस, लंदन, इग्लैण्ड, पेज 305 ।

जोबर्ट, जे.पी. (1989). कार्डियक ग्लाइकोसाइड. पेज 61–97 इन चीके, पी. आर. एडीशन, टॉक्सीकैंट ऑफ प्लान्ट आरजिन, वाल्यूम–II ग्लाइकोसाइड. सी.आर.सी. प्रेस, इनक्लूसिव, बोका राटन, फ्ला, यू.एस.ए., पेज 277 ।

पार्कर. डब्लू. एच. (1951). फाक्सग्लोब (डिजिटेलिस) प्वाजनिंग इन टर्की. वेटेरेनरी रिकार्ड, 63: 416।

थामस, डी. एल. क्विक, एम. पी. मारगन, आर. पी. (1987). सस्पेक्टिड फॉक्सग्लोब *(डिजिटेलिस)* प्वाइजनिंग इन ए डेयरी काउ. वेटेरेनरी रिकार्ड, 120: 300–301।

□□□

अध्याय 17

आइपोमिया कार्निया जनित आविषालुता

पर्यायवाची: बेशरम

बेशरम, पोखरों तथा पानी के जमाव के चारों तरफ उगने वाला एक झाड़ीनुमा खरपतवार है, जिसकी पत्तियाँ ग्रीष्म ऋतु में चारे के अभाव में चिरकाल तक खा लेने पर पशुओं में आविषालुता के लक्षण प्रकट होते हैं। पशु का व्यवहार असामान्य हो जाता है। खड़े होने, उठने–बैठने में पीड़ा होती है। संवेदनायें मंद पड़ने लगती हैं। आविषालुता बहुधा भेड़ एवं बकरियों में दृष्टित होती है।

कारण: *आइपोमिया कार्निया* अमेरिका का देशीय पौधा है जो भारत सहित विश्व के अनेक देशों में खरपतवार की तरह उगता है। उष्ण कटिबंधीय क्षेत्रों में पौधा, तालाब, पोखरों या सड़क के किनारों पर बने हुए गड्ढ़ों में झाड़ी की तरह बड़ी शीघ्रता से अनियंत्रित वृद्धि कर चारों तरफ फैल जाता है। इसी कारण साधारण बोलचाल में इसे "बेशरम" कहते हैं।

चित्र 25 : बेशरम का पौधा

चित्र 26 : बेशरम का फूल

आइपोमिया कार्निया कन्वोलवलेसी परिवार का सदस्य है। यह एक बहुवार्षिक पौधा है। इसकी ऊँचाई 2–3 मीटर होती है। पौधे का तना शाखा विहीन तथा खोखला होता है। तने पर पत्तियाँ घनी होकर लगी रहती हैं। पत्तियाँ–आकार में बड़ी होती हैं। पत्तियों का सिरा पतला एवं नुकीला होता है। सतह पर दोनों तरफ रोम पाये जाते हैं। पौधे पर बसंत एवं ग्रीष्म ऋतु में गुच्छों में फूल खिलते हैं। फूल, 4 इंच तक लम्बे एवं गुलाबी रंग के होते हैं। जैसे–जैसे दिन चढ़ता जाता है मार्निंग ग्लोरी की तरह फूल मुरझाते जाते हैं। फल अंडाकार होते हैं। बीज भूरे रंग के होते हैं (चित्र 25–26)।

उपयोगः लोक–चिकित्सा में *आइपोमिया कार्निया* को मधुमेह के उपचार में सहायक एक औषधि के रूप में वर्णित किया गया है। पौधे का दूधिया रस श्वित्र (ल्यूकोडर्मा) एवं अन्य त्वचीय रोगों के उपचार में सहायक होता है (खालिद एट अल, 2011)। रस में प्रतिशोथज गुण होता है। इसके अतिरिक्त रस में मांसपेशी शिथिलक एवं केन्द्रीय तंत्रिका तंत्र पर अवसादी प्रभाव छोड़ने का गुण भी होता है (अबदिलहादी एट अल, 1989. होरे एट अल, 2000)। पौधे के जलीय सत्व का शरीर की प्रतिरक्षा प्रणाली पर सकारात्मक प्रभाव होता है (लटुरी एट अल, 2007)।

रासायनिक कारकः पौधे में बहुत से जैव सक्रिय पदार्थ होते हैं। इनमें से प्रमुख हैं–ग्लाइकोसाइड, ऐल्केलॉयड, अवनयति शर्करा आदि। यह ग्लाइकोसाइड (टिर्की एट अल, 1998), फ्लेवोनाइड एवं टैनिन (अंबिगा एट अल, 2007) पौधे को भेषजगुणकीय महत्व प्रदान करते हैं। पौधे में पाये जाने वाले नारट्रोपेन ऐल्केलॉयड–कैलिस्टीजीन्स बी 2 एवं सी1 तथा पत्तियों में पाया जाने वाला स्वेन्सोनीन पशुओं में आविषालुता करता है। कैलिस्टीजीन्स बी2 एवं सी1, ग्लाइकोसाइडेज एन्जाइम का संदमन करते हैं। मोजाम्बीक की भेड़ एवं बकरियों में पौधे की पत्तियों को खाने पर आविषालुता का होना तथा पत्तियों में स्वेन्सोनीन का पाया जाना इस शोध की पुष्टि करता है। किन्तु, इसके साथ ही उपर्युक्त घटना के समय यह निश्चित नहीं किया जा सका कि आविषालुता का कारण केवल स्वेन्सोनीन है या स्वेन्सोनीन, कैलिस्टीजीन्स बी2 एवं सी 1 तीनों।

पौधे में विषाक्त पदार्थ पाये जाते हैं, यह कई वर्षों पहले से ही ज्ञात था किन्तु, विगत कुछ वर्षों से पौधे में विद्यमान विषाक्त पदार्थों की खोज के लिये व्यापक स्तर पर अन्वेषण किये गये हैं। इन अन्वेषणों की श्रृंखला में होरे एट अल (1973) ने पौधे की पत्तियों को न्यूबियन बकरी के लिए 3 पांउड प्रति जानवर प्रतिदिन की दर से खिलाया। इन बकरियों में कमजोरी, कंप, पिछले पैरों में आंशिक घात के लक्षण पाये गये। पशु एक तरफ को गिर कर पड़े रहे तथा लक्षण प्रकट होने के 75 दिनों के अंदर ही उनकी मृत्यु हो गयी।

अबदिलहादी एट अल (1989) ने आइपोमिया कार्निया उपप्रजाति फिस्टुलोसा के हाइड्रो–ऐल्कोहॉलिक सत्व का मेढ़क की प्रथक्कृत की हुई रेक्टस एबडामिन पेशी, खरगोश के द्रवनिवेशित हृदय तथा चूजों पर अंतर्जीव–अध्ययन किया तथा बताया कि सत्व के प्रभाव में मेढ़क की रेक्टस एबडामिन पेशी संकुचित हुयी जिसे ट्यूबोक्यूरारीन की 1.5 माइक्रोग्राम प्रति मिली मात्रा द्वारा पुनः सामान्य अवस्था में लाया गया। सत्व तथा सक्सिनलकोलीन दोनों ने ही खरगोश के हृदय पर हृदमंदता का प्रभाव प्रदर्शित किया, जिसे ऐट्रोपीन की 20 माइक्रोग्राम प्रति मिली मात्रा द्वारा सामान्य किया गया। चूजों में सक्सिनलकोलीन की ही तरह सत्व ने संस्तंभी के लक्षण प्रकट किये।

होरे एट अल (2000) ने पौधे की पत्तियों से निष्कर्षित सत्व का गिनी पिग की शेषांत्र पर मात्रा निर्भर (10–10000 माइक्रोग्राम/मिली) त्रिस्तरीय–कोलीनधर्मी, ऐड्रिनेलीनधर्मी

तथा नानकोलीनधर्मी, प्रभाव वर्णित किया। हुइजा एट अल (2003) ने चूहों पर अपने अन्वेषण से बताया, कि पौधे का जलीय अंश, कम मात्रा में, मैक्रोफाज की भक्षकाणु क्रिया की गति तथा हाइड्रोजन परऑक्साइड के स्वतंत्र होने की दर को तीव्र कर देता है। हेनरिक एट अल (2003) ने पाया कि अधिक मात्रा में, जलीय अंश, लाइसोसोम के एल्फा मैनोसाइडेज एन्जाइम का संदमन करता है तथा यकृत, वृक्क, अग्नाशय एवं थायरॉयड की कोशिकाओं में कोशिकाद्रव्यीय धानी बनाता है।

कोलिच एट अल (2009) ने अपने अन्वेषण में पाया कि पौधे के ऐल्केलॉयड – स्वेन्सोनीन, कैलिस्टीजीन्स बी1, बी2 एवं सी1 ही पशुओं में आविषालुता करते हैं। यह यकृत, वृक्क तथा अग्नाशय के ऊतकों की कोशिकाओं में धानी बनाते हैं।

आविषालुता के लक्षणः पशु ग्रीष्म ऋतु में, जब चारे की कमी होती है, बेशरम की पत्तियों को खाते हैं। अधिक समय तक पत्तियाँ खाने पर पशुओं में आविषालुता के लक्षण प्रकट होते हैं। बकरियों का व्यवहार बदल जाता है। संवेदनायें मंद होने लगती है। चाल, खड़े होने की क्षमता तथा तरीके में बदलाव दृष्टित होता है। केन्द्रीय एवं परिसरीय तंत्रिका तंत्र की कोशिकाओं में धानी बनती है।

निदान, उपचार एवं रोकथामः पशु द्वारा बेशरम की पत्तियाँ खाने के विषय में ज्ञात कर आविषालुता का निदान किया जा सकता है। आविषालुता का विशिष्ट उपचार वर्णित नहीं है। पशु को पौधे की पत्तियों को खाने से रोककर आविषालुता को होने से रोका जा सकता है।

संदर्भ

खालिद, एस. रजनीश, के. शाह, जे.के. सुरेश, डी.के. श्रीनिवास, आर. के. रेड्डी, एन. आई. वी. (2011). एंटीडायबिटिक एक्टीविटी आफ एक्वस एक्सट्रेक्ट आफ *आइपोमिया कार्निया* लीव्स इन स्ट्रैप्टोजोटोसिन इंड्यूज्ड डायबिटिक रैट्स. इंटरनेशनल जनरल ऑफ फर्मेकोलाजिकल बायोलाजिकल साइंस 5(2)ः 45–54।

अबदिलहादी, ए. ए. अलखेर, वाई.एम. हसन, टी. (1989). अ सक्सिनिलकोलीन लाइक एक्शन आफ एन *आइपोमिया कार्निया* जाक सबस्पीशीज फिस्टुलोसा (मार्ट. एक्स च्वाइसी), एक्सट्रेक्ट, फर्मेकोलाजिकल रिसर्च, 21ः 431–437।

होरे, ओ.एफ. टरटूर, पी. अदम, एस.ई. ओबेद, एच.एम. (1973), टाक्सीसिटी आफ *आइपोमिया कार्निया* टू गोट्स इन ट्रापिकल्स, एनीमल हेल्थ एंड प्रोडक्शन, 5ः 119–123।

लटुरी, ए.ओ. हुइजा, आई. एम. गोर्नियक, एस. एल. (2007). एशोसियशन आफ *आइपोमिया कार्निया* एंड बी सी जी रिड्यूसिस बर्थ डिफेक्ट्स काज्ड बाइ साइक्लोफास्फामाइड इन रैट्स, जनरल आफ लाइफ साइंस, 80ः 130–435।

टिर्की, के. यादव, आर.पी. मंडल, टी.के. बनर्जी, एन.एल. (1998). फार्मेकोलाजी आफ *आइपोमिया कार्निया*, इंडियन वेटेरीनेरियन जनरल, 65: 206–210।

अंबिगा, एस. नरायनन, आर. गौरी, डी. सुकुमार, डी. माधवन, एस. (2007). इवैलुएशन आफ वुंड हीलिंग एक्टीविटी आफ *आइपोमिया कार्निया* जाक एंसियंट साइंस आफ लाइफ, 26(384): 45–51।

होरे, एस.के. ओटवार, आर. कोले, के. एम. पाठक, ए.के. (2000). पासिविल इन्वाल्वमेन्ट आफ कोलीनर्जिक एंड एडिनर्जिक मकैनिज्म इन चैंजिंग कांट्रेक्टीलिटी आफ गिनी पिग इलियम बाई *आइपोमिया कार्निया*, जनरल आफ इथनोफर्मेकोलाजी, 71: 253–259।

हुइजा, आई.एम. फोंसिका, ई.एस.एम. पाउलिनो, सी.ए. हारागुची, एम. गोर्नियक, एस.एल. (2003). इवैलुएशन आफ इम्यूनोमाडुलेटरी एक्टीविटी आफ *आइपोमिया कार्निया* आन पैरीटोनियल सेल आफ रैट्स, जनरल आफ इथनोफर्मेकोलाजी, 87: 181–186।

हेनरिक, बी.एस. गोर्नियक, एस.एल. डगली, एम.एल. स्पीनोसा, एच.एस. (2003). दि बायोकैमिकल हीमेटोलाजिकल एंड पैथोलाजिकल इफैक्ट्स आफ लांग टर्म एडमिनिस्ट्रेशन आफ *आइपोमिया कार्निया* आन ग्रोइंग गोट्स. वेटेरेनरी रिसर्च कम्यूनीकेशन, 27(4): 311–319।

कोलिच, एल.ए. जिमीनो, ई.जे. टेबलर, पी.जी. जार्ज, एन.एल. अकोस्टा, ओ.सी. (2009). दि गिनी पिग एज इन एनीमल माडल फार *आइपोमिया कार्निया* इन्ड्यूज्ड एल्फा–मैनोसिडोसिस. इंटरनेशनल जनरल आफ टाक्सिकोलाजी, 54: 276–282।

□□□

अध्याय 18

एजीरेटम कोनीजोएड की आविषालुता

चित्र 27 : एजीरेटम कोनोजोएड

भारत वर्ष के उत्तर–पश्चिमी हिमालय में औषधीय गुणों से परिपूर्ण पौधे बहुतायत में पाये जाते हैं। इन पौधों का हिमालय के लोकजगत में चिकित्सा के घरेलू नुस्खों के रूप में सदियों से महत्वपूर्ण स्थान रहा है। इन पौधों में से एक पौधा है *एजीरेटम कोनीजोएड*। इस पौधे को देश–विदेश में बिलीगोट वीड, चिकवीड, गोटवीड, व्हाइट वीड आदि नामों से जाना जाता है। गंदी जगहों पर उगने के कारण वियतनाम में इसे "कट लान" भी कहते हैं। भारतवर्ष में इसे सरहन्द या महकुआ कहते हैं। अमेरिका से उगकर यह पौधा भारत सहित विश्व के विभिन्न देशों में फैल गया (चित्र 27)।

एजीरेटम कोनीजोएड एस्टेरियेसी परिवार का पौधा है। यह एक–वार्षिक शाक है। पौधे की ऊंचाई 30–80 सेमी होती है। तना सीधा व लाल रंग का होता है। तने पर महीन सफेद रंग के रोम पाये जाते हैं। पत्तियाँ 2–5 सेमी लम्बी तथा किनारे से आरी के दाँतों के समान कटी हुई होकर विपरीत दिशा में लगी होती हैं तथा रोमों से ढ़की रहती हैं। पत्तियों तथा ट्राइकोम पर ग्रंथियाँ पायी जाती हैं। ग्रंथियों से अरूचिकर गंध निकलती है। यह गंध मेड़ों की गंध से मिलती–जुलती होती है। इस गंधीय समानता के कारण आस्ट्रेलिया में इसको गोट वीड या *"बिली गोट वीड़"* कहते हैं। शीर्ष पर गुच्छे में 30 से 50 की संख्या तक सफेद, पीले या हल्के बैंगनी रंग के फूल होते हैं। यद्यपि पौधा पूरे वर्ष भर फूलता–फलता है, परन्तु अधिकतर फूल दिसम्बर से फरवरी तक खिलते हैं। बीज पर शल्क होते हैं। बीजों के सिरे सुई की तरह नुकीले होते हैं (झॉसी एवं रामानुजम, 1987)।

पौधे को विश्व के विभिन्न देशों की पारंपरिक चिकित्सा में महत्वपूर्ण स्थान मिला हुआ है। इसको घाव, मिरगी, दमा, पेट के कीड़े मारने के उपचार में प्रयुक्त किया जाता है। कृषि में इसे कीटनाशक की तरह प्रयुक्त करते हैं। औषधीय गुणों में परिपूर्ण यह पौधा आविषालुता भी करता है। कीटनाश के लिए निकाले गये इसके तेल में तीव्र दुर्गंध होती है जिससे मतली आती है। इसमें हाइड्रोजन सायनायड भी होता है जो खरगोश में विषाक्तता करता है।

पादप–रासायनिक विशेषतायें: पौधे में फ्लैवोन, ऐल्केलॉयड, कुमैरिन, आवश्यक तेल तथा टैनिन जैसे अति विविधता से परिपूर्ण द्वितीयक मध्यस्थ बनते हैं। इनमें से कई जैव–सक्रिय होते हैं। व्यास एवं मूलचंदानी (1984) ने पौधे से कोनीजोरिगम नामक क्रोमीन को पृथक्कृत किया। बोर्थाकुर एवं बरुआ (1987) ने परकोसीन I एवं II की पहचान की। इकुंडायो एट अल (1988) ने 51 टरपीन यौगिकों की पहचान की। वीरा (1993) ने एजीरेटोक्रोमीन नामक एक अन्य क्रोमीन को पृथक्कृत किया। व्यास एवं मूलचंदानी (1986) ने फ्लैवोन की पहचान की। लडैरिया एट अल (1987) ने तीन कुमैरिन यौगिकों, ट्राइगो एट अल (1988) ने बहुत से ऐल्केलॉयड की पहचान की जो मनुष्यों के यकृत में क्षति एवं आविषालुता करते हैं।

जैव सक्रियता: *एजीरेटम कोनीजोएड* में जैव सक्रिय पदार्थ होते हैं जिनको कृषि कार्यों में उपयोगी पाया गया है। जैकांड (1961) ने अपने अनुसंधान में बताया था कि इस पौधे की पत्तियों में कीटनाशक क्षमता होती है। पौधे में यह क्षमता सम्भवतः उसमें विद्यमान परकोसीन नामक टरपीन यौगिक के कारण होती है जो कि कीटों में प्रति अल्पवयस्क हार्मोन के रूप में कार्य करता है।

कोलंबिया में गोंजालेज (1991) ने पौधे के हेक्सेन से निष्कर्षित सत्व को घरेलू मक्खी के लार्वा को नष्ट करने में उपयोगी पाया था। व्यास एवं मूलचंदानी (1980) ने पौधे से परकोसीन I एवं II नामक क्रोमीन को पृथक्कृत कर उसमें कीटों के कायांतरण की प्रक्रिया को तीव्र कर शीघ्र ही अल्पवयस्क तथा दुर्बल एवं छोटे आकार के वयस्क को ही बनने देने की क्षमता को प्रदर्शित किया था। उपरोक्त प्रक्रिया में उत्पन्न वयस्क कीट बंध्य थे तथा शीघ्र ही नष्ट हो गये (इंकुडायो एट अल, 1988)।

राजा एवं सहयोगियों (1987) ने पौधे की ताजी पत्तियों के मेथेनालिक सत्व को काइलो पार्टिलस नामक ज्वार पीड़क के चतुर्थ लार्वा पर प्रयुक्त कर उसमें प्रति अल्पवयस्क हार्मोन होने के गुण को अवयस्क प्यूपा एवं वयस्क कीट की उपत्वचा में गहरे धब्बों के बनने को दिखाकर पुष्टि किया।

सुजाता एवं सहयोगियों (1988) ने पौधे के पेट्रालियम ईथर के सत्व में मच्छर के लार्वा (*क्यूलेक्स क्यूनक्यूफेसिटस, ईईज इजिप्ट* एवं *ऐनोफिलीज स्टीफेंसी*) में कायांतरण सम्बन्धी विकृतियों को उत्पन्न कर नष्ट करने की क्षमता को प्रदर्शित किया। इसी प्रकार पौधे के फूलों के सत्व में भी ऐनोफिलीज प्रजाति के मच्छर के लार्वा को नष्ट करने के गुण पाये जाते हैं (कमल एवं मेहरा, 1991)। भारत वर्ष में भी पौधे के सिटोनिक सत्व को*क्यूलेक्स क्यूनक्यूफेसिएटस* के चतुर्थ इन्सटार लार्वा एवं वयस्क मादा मच्छर पर प्रभावी पाया गया है। लार्वा पर प्रयुक्त करने पर सत्व लार्वा से प्यूपा बनने के बीच की अवस्थाओं को असमान्य कर देता है। मेलेनिन नहीं बनता है। वयस्क मच्छर की पंखों की मांसपेशियों में विकृति उत्पन्न हो जाती है। मादा मच्छर की अंड़े देने की क्षमता कम हो जाती है। मादा कम संख्या

में तथा अपूर्ण अंड़े देती है (सक्सेना एवं सक्सेना, 1992)। *ऐनोफिलीज स्टीफेंसी* प्रजाति के मच्छरों पर भी सत्व का इसी प्रकार का प्रभाव पड़ता है (सक्सेना एट अल, 1994)।

इसके अतिरिक्त अन्य कृषि पीड़कों पर भी पौधे का दुष्प्रभाव पड़ता है। नीबू तथा संतरों के बगीचों में पौधा हानिकारक *पैनोनिकस सिट्री* एवं अन्य मकड़ियों के परभक्षी को संरक्षण प्रदान कर मकड़ियों की संख्या को नियंत्रित करता है (लियांग एट अल, 1994)। पौधे में फ्लैवोन पाये जाते हैं जो संतरे के बगीचों में फफूँदनाशक का कार्य करते हैं। साथ ही साथ यह चिचड़ी को भी नष्ट करते हैं।

इसके अतिरिक्त कृषि पर पौधे का दुष्प्रभाव भी पड़ता है। पौधा बीज संदमक का कार्य करता है। नेपाल में झा एवं धाकल (1990) ने पौधे के जलीय सत्व की गेहूँ तथा चावल के बीजों के अंकुरण पर संदमक की क्षमता को वर्णित किया था। भारतवर्ष में प्रसाद एवं श्रीवास्तव (1991) ने भी मूंगफली के बीजों में उपरोक्त क्षमता को पाया था। पौधे में विद्यमान वाष्पित तेल 60 माइक्रोग्राम प्रति मिली की मात्रा में अन्य पौधों में अंकुरण को रोकता है। इसकी 300 माइक्रोग्राम प्रति मिली मात्रा अन्य पौधों को पूर्णतः नष्ट कर देती है, इस कारण ही *एजीरेटम कोनीजोएड* एक सफल खरपतवार के रूप में वातावरण में उगता रहता है।

पौधे के पारम्परिक चिकित्सा में उपयोगः विश्व की विभिन्न सभ्यताओं में पौधे का व्यवहारिक चिकित्सा में व्यापक प्रयोग वर्णित है। इसको ऐंठनरोधी रक्तस्तंभन, प्रतिदमा के रूप में प्रयुक्त करते हैं। इसके अतिरिक्त घाव के उपचार तथा *स्टैफिलोकॉकस* के संक्रमण से बचाव के लिए भी उपयोग करते हैं। पौधे को कीटनाशक के रूप में भी प्रयोग किया जाता है। मध्य अफ्रीका के देशों में पौधे को न्यूमोनिया तथा जले हुए घाव के उपचार में प्रयुक्त किया जाता है (ड्यूरोडोला, 1977)। भारत वर्ष में कुछ समुदाय परंपरागत चिकित्सा में इस को जीवाणुनाशक, प्रतिअतिसार एवं अश्मरीरोधी के रूप में प्रयोग करते हैं (बोर्थाकुर एवं बरूआ 1987)। एशिया, दक्षिणी अमेरिका तथा अफ्रीका के देशों में पौधे के जलीय सत्व को जीवाणुनाशक की तरह उपयोग में लाते हैं (इंकुडाओ एट अल, 1988. अल्मागबोल एट अल, 1985)। पौधे को प्रतिअतिसार के रूप में भी प्रयुक्त करते हैं (वीरा 1993)। ब्राजील की पारंपरिक चिकित्सा में पौधे की पत्तियों के जलीय सत्व को उदरशूल, सर्दी, ज्वर, अतिसार, आमवात, ऐंठन के उपचार में तथा टॉनिक के रूप में प्रयुक्त किया जाता है (पीना, 1921. जैकांड, 1961. कोरिआ, 1984. क्रूज, 1985. मार्कस नेटो एट अल, 1988. नेग्रीली एट अल, 1988. ओलीवीरा एट अल, 1993)। जले हुए घावों पर पौधा शीघ्र ही प्रभाव डालता है तथा ब्राजील का ड्रग सेन्टर इसको प्रतिआमवात के रूप में मान्यता प्रदान करता है (ब्रासिल, 1989)। पौधे की औषधीय क्षमता एवं गुणवत्ता को निर्धारित करने के लिए फार्माकोलॉजिकल अन्वेषण जारी हैं। ड्यूरोडोला (1977) ने पौधे के ईथर एवं क्लोरोफार्म के सत्व में *स्टैफिलोकॉकस* के संदमन की क्षमता को दिखाया है। अल्मागबोल एट अल (1985) ने पौधे के मेथेनालिक सत्व में *स्टैफिलोकॉकस, बेसिलस सबटालिस, एशरिकिआ*

कोली एवं *सूडोमोनास* के संदमन की क्षमता को प्रदर्शित किया है। बायोका एट अल (1993) ने चूहों में पौधे की पत्तियों के जलीय सत्व (100–400 मिग्रा प्रति किलोभार) में पीड़ाहक गुण को दर्शाया है। केन्या में हुए परीक्षणों में पौधे के जलीय सत्व में पेशी शिथिलक के गुण पाये गये हैं, जो पौधे के ऐंठनरोधी के रूप में प्रयोग को मान्यता प्रदान करते हैं (अकोला एट अल, 1994)। मट्टोस (1988) ने पौधे के जलीय सत्व में संधि अपहास के उपचार के गुण को प्रदर्शित किया है। उपयोग के एक सप्ताह पश्चात् रोगी के शोथज में कमी पायी गयी। संधि गति में सुधार हुआ। रोगी को पीड़ा कम हुई (मार्क नेटो एट अल, 1988)।

आविषालुता एवं लक्षणः पौधे से प्राप्त आवश्यक तेल में तीव्र दुर्गंध होती है जिससे मतली होती है। इसमें हाइड्रोजन सायनायड होता है जो खरगोश में विषाक्तता उत्पन्न करता है। मनुष्य उपचारीय प्रयोग को छोड़कर प्रायः पौधे का सेवन नहीं करता है। कुछ देशों में इसको गिनी पिग, अश्व, गोपशु तथा मछलियों को खिलाने के प्रयुक्त किया जाता है। पौधे में लिकोप्सामीन एवं इक्नेटीन नामक पाइरोलिजीडोन ऐल्केलॉयड होते हैं, जो यकृत में क्षति तथा अर्बुद (ट्यूमर) करते हैं। इसके अतिरिक्ति यह फेफड़ों में कैंसर भी करते हैं। पौधे के इथेनाल सत्व, हाइड्रोऐल्कोहॉल सत्व का मुखमार्ग से प्रयोगिक चूहों में सेवन सुरक्षित पाया गया। पौधे के जूस का द्रवरागी पाउडर 125 मिग्रा प्रतिकिलोग्राम पशु भार की दर से तथा ऐल्कोहॉल का सत्व 3000 मिग्रा प्रति किलोग्राम पशुभार की दर से चूहों में आविषालुता करता है।

निदानः आविषालुता का निदान निम्न प्रकार से कर सकते हैं–

- पौधे के खाने के विषय में जानकारी प्राप्त कर।
- लक्षणों के आधार पर।

उपचार एवं रोकथामः आविषालुता का विशिष्ट उपचार वर्णित नहीं है। पौधे को खाने से रोककर आविषालुता को होने से रोका जा सकता है।

संदर्भ

झाँसी, पी. एवं रामानुजम, सी.जी.के. (1987). पोलिन एनालिसिस आफ एक्सट्रेक्टेड एंड स्कवीज्ड हनी आफ हैदराबाद, इंडिया जियाफाइटोलाजी 17: 237–240।

जैकांड, आर.जे. एस. (1961). कान्ट्रीब्यूकाओ पारा ओ इस्टुडो फार्मेकोगनोसिटिको डो *एजीरेटम कोनीजोयडस.* एल. रिच. ब्रास. फार्म, 42(11/12): 177–197।

व्यास, ए.वी. एवं मूलचंदानी, एन.बी. (1986). पालीआक्सीजिनेटिड फ्लेवोन फ्राम *एजीरेटम कोनीजोयडस.* फाइटोकैमिस्ट्री, 25: 2625–2627।

व्यास. ए.वी. एवं मूलचंदानी, एन.बी. (1984). स्ट्रक्चर इन्वेस्टीगेशन आफ कोनीजोरिगन, अ न्यू क्रोमोन फ्राम *एजीरेटम कोनीजोयडस,* जनरल कैमि. सो. परकिन. ट्रास, 1: 2945–2947।

बोर्थाकुर, एन. एवं बरुआ, ए.के.एस. (1987). सर्च फार परकोसीन्स इन*एजीरेटम कोनीजोयडस* लिन. आफ नार्थ–ईस्ट. इंडिया. जनरल इंडियन कैमि. सो, 64: 580–581।

इकुंडाओ, ओ. शर्मा, एस. राव, ई.वी. (1988). असेनसियल आयल आफ*एजीरेटम कोनीजोयडस.* प्लान्टा मेडिसिन, 54: 55–57।

वीरा, आर. (1993). कैमिकल कम्पोजीशन आफ दि असेनसियल आयल आफ *एजीरेटम कोनीजोयडस* एल (एस्टरेसी), फ्राम रियूनियन फ्लेवर फ्रगरेंस जनरल, 8: 256–260।

सुजाता, सी.एच. निसार, एस. जाधी, सी. (1988). इवैलुएसन आफ प्लांट एक्सट्रैक्ट फार बायोलाजिकल एक्टीविटी अगेंस्ट मास्कीटोस. इंटरनेशनल पेस्ट कंट्रोल, 7: 122–124।

कमल, आर. एवं मेहरा, पी. (1991). एफीकेसी आफ पाइरीथ्रिन्स एक्सट्रेक्टेड फ्राम *डिसोडिआ टेनीफोलियस* एंड *एजीरेटम कोनीजोयडस* अगेंस्ट लार्वा आफ *ऐनोफिलीज स्टीफेंसी.* पायरीथ्रम पोस्ट, 18(2): 70–73।

सक्सेना, ए. एवं सक्सेना, आर.सी. (1992). इफैक्टस आफ *एजीरेटम कोनीजोयडस* एक्सट्रेक्ट आन द डब्लपमेंटल स्टेज आफ मलेरिया वेक्टर, *ऐनोफिलीज स्टीफेंसी* (डिप्टेरा : क्यूलीसिडी). जनरल आफ इन्वायरोमेंटल बायोलाजी, 15(1): 67–71।

सक्सेना, आर.सी. सक्सेना, ए. सिंह, सी. (1994). इवैलुएसन आफ ग्रोथ डिस्ट्रपटिंग एक्टीविटी आफ *एजीरेटम कोनीजोयडस* क्रूड एक्सट्रेक्ट आन *क्यूलेक्स क्यूनक्यूफेसिएटस* (डिप्टैरा : क्यूलीसिडी). जनरल आफ इन्वायरोमेंटल बायोलाजी, 15(1): 67–74।

लियांग, डब्लू, जी. हुई, डब्लू. ली. डब्लू. के. (1994). इनफ्लूएंस आफ सिट्रस आर्चड ग्राउंड कवर प्लांटस आन आर्थोपोड कम्यूनिटीज इन चाइना. अ रिब्यू. एग्री. इकोसिस्ट. इन्वायरो, 50(1): 29–37।

झा, एस. एवं धाकल, एम. (1990). अलीलोपैथिक इफैक्ट आफ वैरिअस एक्सट्रेक्ट आफ सम हर्ब्स आन राइस एंड व्हीट, जनरल आफ इंटरनेशनल एग्रीकल्चर एंड एनीमल साइंस, 11: 121–123।

प्रसाद, के. एवं श्रीवास्तव, वी.सी. (1991). टेलीटाक्सिक इफैक्ट आफ सम वीड्स आन जर्मीनेशन एंड इनशियल ग्रोथ आफ ग्राउंडनट (*अराकिस हाइपोजिया*). इंडियन

जनरल आफ एग्रीकल्चर साइंस, 61: 493–494।

ड्यूरोडोला, जे.जे. (1977). एंटीबैक्टीरियल प्रोपर्टी आफ क्रूड एक्सट्रेक्ट फ्राम हर्बल वुंड हीलिंग रेमेडी–*एजीरेटम कोनीजॉयडस.* प्लांटा मेडिसन, 32: 388–390।

लडैरिया, ए.एम. जायडान, एल.बी.पी. प्यूगीइरिडो–राइबेरी, आर.सी. एल. (1987). *एजीरेटम कोनीजॉयडस* एल (कम्पोजिटी) : जर्मीनेकाओ फ्लोरैकाओ इ ओकोरिनसिया डि डिरीवेडोस फिनोलिकोस इन डिफरेंटिस स्टैडियोस डि डिसेनवोल्वीमेंटो. होहिनिआ, 15: 53–62।

ट्राइगो, जे.आर. कैम्पोस, एस. पिरीरा, ए.एम. (1988). प्रजेनका डिडअल्केलॉडिस पीरोलिजीडिनकोस इम *एजीरेटम कोनीजोयडस* एल, पेज 13. इन : सिम्पोजिया डि फ्लांटाज मेडीसिनेस डो ब्रासिल, साओ पाउलो (रिजूमोस)।

गोंजालेज, ए जी. थामस, जी. राम, पी. (1991). क्रोमीन्स फ्रॉम *एजीरेटम कोनीजोयडस* . फाइटोकैमिस्ट्री, 30: 1137–1139।

राजा, एस.एस. सिंह, ए. राव, एस. (1987). इफैक्ट आफ *एजीरेटम कोनीजोयडस* आन किलो पार्टिलस स्वीनहो (लैपीडोप्टेरा : पाइरालिडी). जनरल एनीमल मार्फोल. फिजियोल, 34(1–2): 35–37।

अल्मागबोल, ए. जेड. फारूख, ए.ए. त्यागी, बी.आर. (1985). एंटीमाइक्रोबियल एक्टीविटी आफ सर्टेन सूडानीज प्लांटस यूस्ड इन फोकलोर मेडीसिन : स्क्रीनिंग फार एंटीबैक्टीरियल एक्टीविटी, पार्ट–II फिटोटिरेपिया, 56: 103–109।

बायोका, डी. बेनिकवा, एफ.एफ. चौधरी, एम.ए. (1993). एनलजेसिक इफैक्टस आफ ए क्रूड एक्सट्रेक्ट आफ *एजीरेटम कोनीजोयडस* इन द रैट, एक्टा हार्टी. 332: 171–176।

पीना, ए. (1921). नोटास सोबर प्लांटास ब्रासीलीरास. अराउजो पीना फिलौस, रिओ डिजनेरियो।

कोरिआ, एम.पी. (1984). डिसीनेरिया डैस प्लांटास यूटिस डो ब्रासिल इ डैस एक्जोटिकास कल्टीवेडास. मिनिस्टीरिओ डा एग्रीकल्चरा, रिओडिजनेरियो, आइ बी डी एफ, 2: 139।

क्रूज, जी.एल. (1985). डिसीनेरियो डैस प्लांटस यूटिस डो ब्रासिल 3 एडीशनल सिविलीजैकाओ ब्रासीलीरा, रिओडिजनेरिया।

मार्कस नेटो, जे. एफ. लापा, ए. कुबोटा, एम. (1988). एफीटोस डो *एजीरेटम कोनीजोयड* लिनी नो ट्राटामेंटो डा अरट्रोस, रिव ब्रास. रूमेट, 28(4): 34–37।

नेग्रीली, आर.आर.बी. सबलचीरो, डी. सर्वी, ए.सी. (1988). स्पीशीज वेजीटेस यूटीलिजाडास

ना टेराप्यूटिका पोपुलर नो म्यूनीसिपियो डि क्यूरीटिबा पाराना, ब्रासिल यूनीवर्सिटी, फेडरल डो पाराना।

मट्टोस, एफ.जे.ए. (1988). प्लांटास मेडीसिनेस : बोल्डो कोलोनिया इ मेनट्रास्टो. ओ पोवो, यूनिवर्सिटी, अबेर्टा, फोर्टालेजा, 27 जनवरी, 1988, पेज 2–3।

ओलीवीरा, एफ. अकीसू, एम.के. गर्सिया, एल.ओ. (1993). करैक्टरीजकाओ फर्मेकोगनोस्टिका डा ड्रोगा इ डो एक्सट्रेटो फ्लूडो डि मेनट्रास्टो, *ऐजीरेटम कोनीजॉयडस* एल. लेक्टा, 11(1): 63–100।

ब्रासिल, मिनिस्टीरिओ डा सोडे, सेंट्रल डि मेडीकेमिंटोस (1989). *ऐजीरेटम कोनीजॉयडस.* इन : प्रोग्राम डि पेस्क्यूसास डि प्लांटास मेडीसिनेस : प्राइमीरोस रिजल्टेडास. ब्रासीलिया।

अकोला, के. जे. मुनेन्गो, आर. डब्लू. माउरा, ए.एम. (1994). फार्मेकोलाजीकल प्रोपर्टीज आफ रूट एंड ऐरियल पार्टस एक्सट्रेक्ट आफ *एजीरेटम कोनीजोयडस* आन आइसोलेटिड इलियम एंड हर्ट. फिटोटिरेपिया, 65: 322–325।

□□□

अध्याय 19

निकोटिन विषाक्तता / तम्बाकू की आविषालुता

तम्बाकू के पौधे में निकोटिन, एनाबेसीन सहित अन्य कई विषैले ऐल्केलॉयड होते हैं। इनमें से निकोटिन प्रमुख होता है जो मनुष्यों तथा पशुओं में आविषालुता करता है। मनुष्यों तथा पशुओं में निकोटिन जनित आविषालुता में मतली, वमन, अतिसार, शिरोघूर्णन, उदरशूल, सन्निपात, अचेतनता, दृष्टिबंधन, अनियंत्रित रक्तदाब एवं श्वसन के लक्षण प्रकट होते हैं। शीघ्र निदान कर उपचार करने पर रोगी को बचाया जा सकता है। एनाबेसीन एवं एनाटैबीन गोपशु एवं शूकरों में विरूपजनन करते हैं (बुश एवं क्रो, 1989)।

निकोटियाना टोबेकम एक वार्षिक शाक या झाड़ी के रूप में उगने वाला पौधा है। पौधे की ऊँचाई किस्म के आधार पर 0.9 मी. से लेकर 1.5 मीटर तक होती है। पौधे की पत्तियाँ चौड़ी होती हैं। शाखाओं के छोर पर गुच्छों में फूल खिलते हैं। फलों के अंदर बीज होते हैं। पौधे की उत्पत्ति कैरेबियन द्वीप "टोबैगो" में होने के कारण इसका नाम "टोबैको" पड़ा। पुर्तगाल के फ्रांसीसी राजदूत, जीन निको, जिन्होंने संन् 1560 में इस पौधे को इग्लैण्ड में उगाया, के नाम पर इसके वंश का नाम "निकोटियाना" पड़ा। भारत वर्ष में तम्बाकू की खेती आन्ध्रप्रदेश, गुजरात, कर्नाटक, महाराष्ट्र, तमिलनाडु, बिहार, उत्तर प्रदेश, पश्चिम बंगाल, असम तथा पंजाब में की जाती है (चित्र 28)।

चित्र 28 : तम्बाकू

निकोटियाना टोबेकम की खेती पर ताप, हवा, भूमि आद्रता तथा मृदा के प्रकार का बहुत प्रभाव पड़ता है। पौधे की वृद्धि के लिये 20–30^0 सेग्रे का तापक्रम, 80–85 प्रतिशत आद्रता तथा मृदा में नाइट्रोजन की कम मात्रा आदर्श होती है। पौधे की कुछ किस्में अलंकरण के लिए बगीचों में उगायी जाती है, जबकि अन्य खरपतवार के रूप में उगती हैं। पौधे को खेतों में लगाने से लेकर कटाई तक 4–5 महीने लगते हैं। वयस्क पौधे से परिपक्व पत्तियों को प्रति सप्ताह एक–एक कर तोड़ लिया जाता है या पूरे पौधे को ही एक बार में तने से काट लेते हैं। तत्पश्चात् पत्तियों की कई प्रकारों में से किसी एक प्रकार से रचाई की जाती है। धूमनाल रचाई (फ्लू क्यूरिंग) में पत्तियों को इस प्रकार गर्म कर सुखाया जाता है, कि

उनमें धुआँ न लगे। धुएं या अधिक ताप पर रचाई (फायर/स्मोक क्यूरिंग) में आग का प्रयोग किया जाता है जिसके धुआँ से पत्तियों का रंग गहरा पड़ जाता है तथा उनमें विशिष्ट प्रकार की गंध आने लगती है। वायु या छाया रचाई (स्मोक/शेड क्यूरिंग) में पत्तियों को गर्म न कर केवल हवा में सुखाते हैं। आर्द वातावरण में कभी–कभी फफूँद की वृद्धि को रोकने के लिए आग का उपयोग भी कर लिया जाता है। तम्बाकू के उपयोग के आधार पर ही क्यूरिंग की प्रक्रिया का निर्धारण करते हैं।

पौधे के प्रत्येक भाग में विषैले अवयव होते हैं लेकिन उनकी सांद्रता पौधे की किस्म, मृदा प्रकार, वातावरण की परिस्थितियों आदि पर निर्भर करती है। पौधे में निकोटिन की मात्रा पौधे की आयु के साथ बढ़ती जाती है। पौधे की जड़ें निकोटिन का निर्माण करती हैं। पादप के परिवहन तंत्र से होता हुआ निकोटिन वृहद, रोमयुक्त पत्तियों में एकत्र होता जाता है। पत्तियों में निकोटिन युक्त मैलेट या सिट्रेट की मात्रा 2–8 प्रतिशत तक होती है। निकोटिन की कुल मात्रा का 64 प्रतिशत पत्तियों, 18 प्रतिशत तने, 13 प्रतिशत जड़ तथा 5 प्रतिशत भाग फूलों में होता है। पौधे की पत्तियाँ, जिनमें सर्वाधिक मात्रा में विषैला आसक्तिकारक ऐल्केलॉयड होता है, को तम्बाकू कहते हैं। पत्तियों को सुखाकर चबाया जाता है या पत्तियों को जलाकर उसके धुयें का सेवन करते हैं।

पौधे में निकोटिन ही मुख्य विषैला पदार्थ होता है। निकोटिन एक तृतीयक अमीन है, जिसमें पाइरीडीन एवं पाइरोलिडीन का चक्र होता है। रासायनिक रूप में निकोटिन 3–(1–मेथिल–2–पाइरोलिडिल) पाइरीडीन है, जिसका आणविक भार 162.2 होता है। यह रंगहीन से हल्के पीले रंग का, अति आर्द्रताग्राही, तेलीय द्रव है जिससे तीक्ष्ण अरूचिकर गंध निकलती है। स्वाद में निकोटिन तेज एवं ज्वलनशील होता है। हवा तथा रोशनी में खुला छोड़ देने पर यह धीरे–धीरे भूरा पड़ जाता है। निकोटिन जल, ऐल्कोहॉल, क्लोरोफार्म, ईथर, केरोसिन एवं पेट्रोलियम में घुलनशील होता है। इसको वायुरहित बर्तनों में प्रकाश से बचाकर संग्रहित करते हैं। निकोटिन में कृमिनाशक गुण होते हैं। इसका उपयोग एनिमा में मलबधता के उपचार तथा आंत्रीय कीड़ों को मारने के लिये किया जाता है।

पौधे में निकोटिन के जैसा किन्तु कम सक्रिय एवं कम मात्रा में एक अन्य ऐल्केलॉयड, एनाबेसीन होता है। दक्षिणी अमेरिका के एक अन्य पौधे *निकोटियाना ग्लूका* में एनाबेसीन प्रमुख ऐल्केलॉयड होता है जो गोपशु, भेड़ शूकरों में विरूपजनन करता है। इसके अतिरिक्त एक अन्य पाइरीडीन ऐल्केलॉयड एनाटैबीन होता है। एनाटैबीन एवं सम्भवतः एनाबेसीन शूकरों में विरूपजनन करते हैं (बुश एवं क्रो, 1989)। पौधे में टेबासिनीन एवं टेबासीन नामक विषकारी ग्लूकोसाइड भी होते हैं। पौधे को काटते समय तथा उत्पादन के समय मनुष्यों में त्वक प्रवेशी अवशोषण द्वारा आविषालुता होती है।

निकोटिन श्वसन मार्ग, मुखगुहा, योनि एवं गुदा की श्लेष्मल तथा त्वकीय मार्ग से शीघ्रतापूर्वक अवशोषित हो जाती है। त्वकमार्गीय अवशोषण से तीव्र आविषालुता होती है।

तीव्र क्षार होने के कारण निकोटिन का आमाशय में अवशोषण (केवल उन परिस्थितियों को छोड़कर जिसमें जठर रस की पी.एच. बढ़ा हुआ हो) प्रायः बहुत कम होता है। अतः बच्चों में दुर्घटनावश सिगरेट निगल लेने पर शीघ्रतापूर्वक वमन को प्रेरित कर तम्बाकू को बाहर निकाल लेने पर आविषालुता के खतरे को काफी हद तक कम किया जा सकता है। निकोटिन का आंत्रीय अवशोषण शीघ्रता से होता है। श्लेष्मल से निकोटिन के अवशोषण को बढ़ाने के लिए चबाने तथा धुम्रपान करने वाली तम्बाकू को क्षारीय पी.एच. के लिए बफर करते हैं।

जब तम्बाकू का धुआँ फेफड़ों में कूपिका में पहुँचता है तब कूपिका की वृहद सतह के प्राकृत पी.एच. वाले द्रव में अवशोषित होकर निकोटिन कोशिकीय श्लेष्मल एवं रक्त में प्रविष्ट होकर सीधे मस्तिष्क में पहुँच जाती है। फुफ्फुस मार्ग से निकोटिन के रक्त में होकर मस्तिष्क में पहुँचने की गति, अंतःशिरीय मार्ग में इन्जेक्शन द्वारा प्रविष्ट निकोटिन के मस्तिष्क में पहुँचने की गति से तीव्र होती है। निकोटिन जितनी शीघ्रता से मस्तिष्क में प्रवेश करती है उतनी ही तीव्रता से इसका स्तर कम भी हो जाता है। निकोटिन गर्भ में आसानी से अपरा को पार कर उल्वतरल तथा नवजात के नाभिनाल के रक्त में पहुँच जाती है। यह स्तनपान कराने वाली स्त्रियों के दूध में भी पहुँच जाती है। किन्तु दूध में इसकी मात्रा अत्याधिक कम होने के कारण बच्चों पर इसका दुष्प्रभाव लगभग नहीं के बराबर पड़ता है (गेलबैक एट अल, 1974. क्रो एवं स्वरजैक, 1974. बोरिस एट अल, 1988. गोंकालो एट अल, 1990)।

निकोटिन की अर्ध–आयु औसतन 2 घंटा (1–4 घंटा) होती है। इसका शीघ्रता से 80–90 प्रतिशत तक अपघटन यकृत में हो जाता है। कुछ मात्रा फेफड़ों एवं वृक्कों में भी अपघटित होती है। अपघटन के समय निकोटिन, ऑक्सीकरण, विमेथिलकरण एवं पाइरीडीन–एन–मेथिलीकरण के द्वारा निष्क्रिय मध्यस्थों, कोटीनीन एवं निकोटिन–एन–ऑक्साइड में विघटित हो जाती है। कोटीनिन की अर्ध–आयु 16 से 20 घंटा होती है। अधिक अर्ध आयु होने के कारण निकोटिन लेने वाले व्यक्तियों के सर्वेक्षणों एवं उपचार से पूर्व, व्यक्तियों में कोटीनिन की विद्यमतता का अध्ययन करते हैं। इस कार्य के लिये मूत्र में बहुतायत में विद्यमान उपापचयी मध्यस्थ 3–हाइड्रॉक्सी कोटीनिन को भी एक महत्वपूर्ण सूचक के रूप में प्रयुक्त किया जा सकता है।

सामान्य परिस्थितियों में तंत्रिका–पेशी अंतर्ग्रथन में एसिटिलकोलीन का स्राव होता है। एसिटिलकोलीन तंत्रिका पेशी अंतर्ग्रथनोत्तर झिल्ली पर स्थिति निकोटिन ग्राहक पर कार्य कर मांसपेशियों में तान को बनाये रखता है। ग्रंथियों में ऐसिटिलकोलीन अंतर्ग्रथनोत्तर झिल्ली पर स्थिति मस्कैरिनिक ग्राहकों पर कार्य कर ग्रंथियों से स्राव सुनिश्चित करता है। अंतर्ग्रथन में ऐसिटिलकोलीन ऐस्टरेज एन्जाइम कार्य के पश्चात् एसिटिलकोलीन को नष्ट कर देता है जिससे पेशी कुछ समय पश्चात् सामान्य अवस्था में आ जाती है। इस प्रकार अंतर्ग्रथन में एसिटिलकोलीन अल्पकाल के लिए ही कार्य करता है। तंत्रिकाओं में शीघ्र ही एसिटिलकोलीन का पुर्ननिर्माण हो जाता है।

निकोटिन गर्म करने पर वाष्पित नहीं होता है। मुख एवं फेफड़ों से होकर निकोटिन जब देह द्रव में पहुँचता है तब यह सीधे तंत्रिका–पेशी अंतर्ग्रथन में पहुँचकर एसिटिलकोलीन के सदृश निकोटिन ग्राहकों पर क्रिया कर विद्युत आवेग उत्पन्न कर देता है जिससे पेशियों में तान बढ़ जाती है। किन्तु, निकोटिन के शीघ्र विघटित न होने के कारण पेशियाँ कुछ समय तक तान में रहने के पश्चात् शिथिल पड़ने लगती है। निकोटिन स्वायत्त गंडिका, ऐड्रिनल मेडुला, मस्तिष्क एवं तंत्रिका पेशी संधिस्थल पर स्थिति विशेषकर त्रिविमसमावयवी निकोटिन ग्राहकों पर कार्य कर केन्द्रीय तंत्रिका तंत्र के बहुत से तंत्रकीय–देहद्रवी मार्गो को सक्रिय कर देता है। परिणामस्वरूप एसिटिलकोलीन, नारएपिनेफ्रीन, डोपामीन, सीरोटोनिन, वैसोप्रेसिन, वृद्धि एवं ऐड्रिनोकॉर्टिकोट्रॉफिक हारमोन का स्राव होता है। केन्द्रीय तंत्रिका तंत्र में निकोटिन सीधे मस्तिष्क में स्थिति ग्राहकों पर कार्य कर मस्तिष्क की सक्रियता को बढ़ा देता है। कभी–कभी फेफड़ों के कैरोटिड पिण्डों में स्थिति रसोग्राही की अभिवाही तंत्रिकाओं से संवेदनायें पहुँचकर मस्तिष्क की सक्रियता को बढ़ा देती हैं। निकोटिन कैटकोलामीन के स्राव को प्रेरित करता है, जिससे, रक्त वाहिकाओं की अनुकंपी तंत्रिकाओं में वैद्युत उद्‌दीपन द्वारा तंत्रकीय संचरण बढ़ जाता है।

प्रयोगों में देखा गया है, कि कम मात्रा में निकोटिन गंड़िकाओं को उद्दीपित करता है, किन्तु अधिक मात्रा में यह क्षणिक उद्दीपन के पश्चात् अवरोध उत्पन्न करता है। कम मात्रा में निकोटिन (जैसे सिगरेट पीने पर) सीधे मस्तिष्क के ग्राहकों पर कार्य कर या फेफड़ों के रसोग्राही अभिवाही तंत्रिकाओं द्वारा मस्तिष्क पर कार्य कर अनुकंपी तंत्रकीय स्राव को बढ़ा देता है जिससे रक्त दाब बढ़ जाता है एवं हृदय गति तीव्र हो जाती है। उच्च मात्रा में निकोटिन सीधे परिसरीय तंत्रिका तंत्र पर कार्य कर गंडकीय उद्दीपन द्वारा ऐड्रिनल कैटकोलामीन के स्राव को बढ़ा देता है। अत्याधिक उच्च मात्रा में निकोटिन परिसरीय गंडिका में अवरोध उत्पन्न कर या वेगस अभिवाही तंत्रिका को उद्दीपित कर या मस्तिष्क पर सीधे अवनमनी प्रभाव डालकर रक्त दाब को कम कर देता है।

लक्षणः निकोटिन की 50 प्रतिशत घातक मात्रा (एल.डी. 50) कुत्तों में 1 मिग्रा. प्रतिकिलो पशुभार, घोड़ों में 200–300 मिग्रा., चूहों में मुख मार्ग में 55 मिग्रा. प्रति किलो पशुभार तथा अंतः शिरीय मार्ग में 1 मिग्रा प्रतिकिलो पशुभार होती है। आविषालुता के लक्षण तीव्र गति से प्रारम्भ होते हैं। पत्तियों को चबाने पर आमाशय में कम अवशोषण होने से लक्षणों के प्रकट होने में समय लग जाता है। निकोटिन की मात्रा कम होने पर मुँह से लार गिरती है। मतली आती है। वमन होता है। चक्कर आते हैं। अतिसार होता है। हृदय की गति मंद पड़ जाती है। शुद्ध ऐल्केलॉयड की अधिक मात्रा ले लेने पर पूर्णतः अंगघात होता है जिससे रोगी मिनटों में मर जाता है। मृत्यु से पहले उदरशूल होता है। पसीना आता है। तीव्र अतिसार होता है। सिर चकराता है। दृष्टि बाधित होती है। कम सुनायी देता है। मांसपेशियाँ शिथिल पड़ने लगती हैं। शरीर में तारतम्यता का अभाव रहता है। अचेतनता होती है। रक्त दाब एवं श्वसन गति प्रारम्भ में बढ़ती है, किन्तु शीघ्र ही रक्त दाब कम होने

लगता है। नाड़ी की गति कम पड़ जाती है। श्वांस लेने में कठिनाई होती है। अवमोटनी आक्षेप के पश्चात् निपात होता है, जिसमें मांसपेशियाँ पूर्णतः शिथिल पड़ जाती है। प्रतिवर्त खत्म हो जाती है। श्वसन की गति कम होने लगती है। अंततः पेशियों के पूर्ण शिथिलन से श्वांस पूर्णतः रूक जाती है।

कैंसरजननः सिगरेट पीने से श्वसन तंत्र, अग्रआहारनाल, अग्नाशय, मूत्राशय, गर्भाशय ग्रीवा में कैंसर होने का खतरा बढ़ जाता है। किन्तु अभी तक सिगरेट में चिन्हित रासायनिक अवयवों में से कोई भी अवयव प्रायोगिक स्तर पर कैंसर करने में सक्षम नहीं पाया गया है।

विरूपजननः मनुष्यों में सिगरेट पीने वाली महिलाओं के बच्चों में जन्मजात कुरचना पर वैज्ञानिकों की राय एकमत नहीं है। किन्तु, सिगरेट पीने वाली महिलाओं के गर्भ में बच्चों की वृद्धि एवं विकास बाधित होता है।

उत्परिवर्तनजननः साल्मोनेला टायफीमूरियम तथा स्तनधारी कोशकीय जनन में निकोटिन द्वारा प्रेरित उत्परिवर्तनजनन के अध्ययन से पता चलता है कि निकोटिन किसी भी प्रकार की जीन आविषालुता नहीं करता है। किन्तु *एशरिकिआ कोली* में यह मरम्मत हो जाने वाली क्षति डी.एन.ए. में प्रेरित करता है।

निदानः आविषालुता का निदान निम्न प्रकार से कर सकते हैं–

- तम्बाकू के अधिक मात्रा में सेवन की जानकारी प्राप्त कर।
- लक्षणों के आधार पर।
- कोटीनिन एवं 3–हाइड्रॉक्सीकोटीनिन का निदान कर।

उपचारः तीव्र आविषालुता में उपचार शीघ्र प्रारम्भ कर देना चाहिये। पौधे को खा लेने पर शीघ्रतापूर्वक वमन को प्रेरित कर आमाशय का धावन करना चाहिये। सक्रिय चारकोल को भी प्रयुक्त किया जा सकता है। आंत्र में अवशोषण रोकने के लिए विरेचक को प्रयुक्त कर सकते हैं। सहायक उपचार द्वारा श्वसन दर, रक्तदाब एवं आक्षेप को नियंत्रित करना चाहिये।

रोकथामः पशुओं में पौधे के खाने को रोककर एवं पौधे के खेत में बाड़ लगाकर खेत में पशुओं के प्रवेश को रोककर तथा मनुष्यों में जनजागरूकता अभियान चलाकर तम्बाकू के सेवन के दुष्प्रभावों के विषय में जागरूक कर आविषालुता को रोका जा सकता है।

संदर्भ

बुश, एल.पी. एवं क्रो, एम. डब्लू. (1989). निकोटियाना ऐल्केलॉयड पेज 87–107 इन चीके, पी. आर. एवं शुल, एल. आर. (1985). नैचुरल टॉक्सीकैंटस इन फीड एण्ड प्वाइजिनस प्लांट्स, ए.वी.आई. पब्लिशिंग कम्पनी, वेस्टपोर्ट, यू.एस.ए. पेज 492।

बोरिस, डी.जे. सेटजर, एस.सी. लिंग, एल.जे. (1988). सीएनएस डिप्रेशन इन एन इन्फैंट आफ्टर दि इन्जेशन आफ टोबैको, वेटेरेनरी एंड ह्यूमन टॉक्सिकोलाजी, 30: 20–22।

गेलबैक एस.एच. एट अल. (1974). ग्रीन टोबैको सिकनेस. एन इलनेस आफ टोबैको हार्वेस्टर्स. जनरल आफ अमेरिकन मेडीकल एशोसियेसन, 229: 1880–1883।

क्रो, एम. डब्लू. स्वरजैक, टी. डब्लू. (1974). कन्जिनाइटल आर्थोग्रिप्पोसिस इन आफस्परिंग आफ शो फेड टोबैको (*निकोटियाना टबाकम*). अमेरिकन जनरल आफ वेटेरेनरी रिसर्च, 35: 1071–1073।

गोंकालो, एम. काउटो, जे. गोंकालो, एस. (1990). एलर्जिक कान्टेक्ट डर्मेटाइटिस फ्राम *निकोटियाना टबाकम*, कान्टेक्ट डर्मेटाइटिस, 22: 188–189।

❑❑❑

अध्याय 20

गॉसिपॉल आविषालुता

कपास भारतीय किसानों की सामाजिक एवं आर्थिक दशा को निर्धारित करने वाली एक प्रमुख व्यवसायिक फसल है। भारतवर्ष में इसकी चार मुख्य प्रजातियाँ–*गॉसिपियम हिरसूटम, गॉ. अरबोरियम, गॉ. हरबेसियम* एवं *गॉ. बारबाडेन्स* पायी जाती हैं। कपास को उगाने वाले नौ प्रमुख राज्यों को तीन जोन में बाँटा गया है। इनमें से उत्तरी जोन में पंजाब, हरियाणा एवं राजस्थान, मध्य जोन में महाराष्ट्र, मध्य प्रदेश एवं गुजरात तथा दक्षिणी जोन में आंध्र प्रदेश, कर्नाटक एवं तमिलनाडु राज्य आते हैं। कपास के बीज को साधारण बोलचाल में "बिनौला" कहते हैं। बिनौले में प्रोटीन (22%), वसा (17.5%) तथा ऊर्जा की प्रचुर मात्रा होती है। बिनौले से तेल निकाल लेने के पश्चात् बचे हुये उत्पाद को "कपास की खली" कहते हैं। बिनौले तथा खल में प्रचुर मात्रा में प्रोटीन एवं ऊर्जा होने के कारण इसे पशु के चारे में प्रोटीन के पूरक के रूप में प्रयुक्त किया जाता है। इन दोनों में ही गॉसिपॉल नामक विष होता है जो पशुओं में आविषालुता करता है (चित्र 29–30)।

चित्र 29 : कपास का पौधा

चित्र 30 : कपास का फूल

आविष क्रियाविधिः गॉसिपॉल सहित अन्य पालीफिनोलिक यौगिक कपास के मुख्य विषकारी अवयव होते हैं। यह अवयव पौधे के विभिन्न भागों में पायी जाने वाली वर्णक ग्रंथियों में पाये जाते हैं। यह ग्रंथियाँ बहुधा बीजों में पायी जाती हैं। इसके अतिरिक्त पौधे के अन्य भागों में जैसे पत्ती, तना आदि पर भी पायी जाती हैं। कपास के बीजों में गॉसिपॉल प्रोटीन बंधक एवं स्वतंत्र, दोनों ही अवस्थाओं में पाया जाता है। बीजों में इसकी मात्रा 0 से 6 प्रतिशत तक होती है तथा मात्रा में बदलाव पौधे की प्रजाति सहित जलवायु,

मृदा प्रकार, उर्वरक एवं अन्य कई कारकों पर निर्भर करता है। गॉसिपॉल की स्वतंत्र मात्रा ही आविषालुता करती है तथा बीजों में स्वतंत्र गॉसिपॉल ही प्रमुख रूप में पाया जाता है। गॉसिपॉल वसा में घुलनशील होता है तथा आहारनाल में सुगमता से अवशोषित होकर रक्त परिसंचरण तंत्र में पहुँच जाता है। यहाँ पर यह लाइसीन तथा अन्य अमीनो अम्ल एवं भोज्य जनित आयरन से बंधित होने लगता है। गॉसिपॉल का संयुग्मन उपापचय एवं मूत्र में उत्सर्जन प्रायः नहीं होता है अतः इसकी अधिकांश मात्रा मल के द्वारा उत्सर्जित होती है। रोमंथी पशुओं में रोमंथिका के जीवाणु इसको निष्क्रिय कर देते हैं। अतः वयस्य रोमंथियों में इसकी आविषालुता प्रायः नहीं दिखायी देती है।

आविषबलगतिकीः बीजों में गॉसिपाल प्रायः स्वतंत्र अवस्था में होता है किन्तु निष्क्रिय होने तक इसकी बहुत सी मात्रा प्रोटीन से बंधित हो जाती है। स्वतंत्र अवस्था में गॉसिपॉल विष का कार्य करता है। यह विभिन्न अंगों में क्षति पहुँचाता है तथा पशु में हृदपात का कारण बनता है। विषाक्तता में ऑक्सीजन के संवाहन की क्षमता कम हो जाती है। लाल रक्त कणिकायें टूटने लगती हैं। हृदघात से पशु की मृत्यु हो जाती है। विष यकृत कोशिकाओं को सीधे–सीधे क्षति पहुँचाता है। इसके साथ ही अन्य फिनोलिक यौगिकों के उपापचय से उत्पन्न सक्रिय मध्यस्थ भी यकृत में क्षति करते हैं। रक्ताधिक्यज हृदपात के कारण भी यकृत की कोशिकाओं में क्षति होती है। यकृत क्षति के साथ ही गॉसिपॉल ग्लूटाथायोन एस ट्रांसफेरेज की मात्रा को कम करके यकृत की जीनोबायोटिक यौगिकों के उपापचय की क्रिया को भी अवरूद्ध कर देता है। सांडों के वृषण की लीडिंग कोशिकाओं में स्टेरॉयड के निर्माण से सम्बन्धित एन्जाइम की सक्रियता कम हो जाती है जिससे सांडों की कामलिप्सा भी कम हो जाती है। शुक्राणु जनन की क्षमता तथा शुक्राणु की गति पर विपरीत प्रभाव पड़ता है। शुक्राणुओं में आकारिकी विकार उत्पन्न होने लगते हैं। मादा पशुओं में ऋतुचक्र अनियंत्रित हो जाता है। गर्भित पशुओं में पीतपिंड में गड़बड़ी होने लगती है। इसके अतिरिक्त गॉसिपॉल सीधे भ्रूण विषाक्तता भी करता है।

आविषालुता को संवेदनशील पशुः आविषालुता को प्रायः सभी पशु संवेदनशील होते हैं, किन्तु अवयस्क रोमंथी, मुर्गियों तथा एकल आमाशयी पशुओं में यह अपेक्षाकृत अधिक होती है। सूअर, गिनी पिग, खरगोश अधिक सुग्राही होते हैं। कुत्ते तथा बिल्लियों में सुग्राहिता मध्यम स्तर की होती है। गोपशु में होलस्टीन प्रजाति के बछड़े सर्वाधिक सुग्राही होते हैं। वयस्क रोमंथी पशुओं में रोमंथिका के जीवाणु गॉसिपॉल को बंधित कर निष्क्रिय कर देते हैं। अतः वयस्क गोपशु में गॉसिपॉल जनित आविषालुता प्रायः नहीं होती है। लेकिन कभी–कभी कुछ एक मामलों में अधिक मात्रा में तथा लम्बी अवधि तक बिनौले की खल खिलाने पर गोपशुओं में भी विषाक्तता के लक्षण प्रकट होते लगते हैं (बाब लार्सन, 2008)।

लक्षणः गॉसिपॉल जनित तीव्र आविषालुता प्रायः नहीं होती है, किन्तु कम मात्रा में लम्बी अवधि तक लगातार खाते रहने पर चिरकालिक प्रकार की विषाक्तता होती है।

वातावरण में तापमान के उच्च होने या अन्य तनावकारी कारक होने पर आविषालुता का प्रभाव बढ़ जाता है।

सुअर एवं मुर्गियों में भूख कम हो जाती है। वजन घटने लगता है। श्वांस लेने में कठिनाई होती है। हृदय की गति अनियंत्रित होने लगती है। मुर्गियों के अंड़े की जर्दी पर हरे रंग के धब्बे पड़ जाते हैं। अंड़ों से चूजे कम निकलते हैं। घोड़ों पर प्रायः प्रभाव नहीं दिखायी देता है। डेयरी के वयस्क पशुओं में कमजोरी होती है। साथ–साथ हृदय, यकृत, वृक्क एवं जननीय अंगों से सम्बन्धित लक्षण भी प्रकट होते हैं। भूख मर जाती है। ब्रिसकेट में शोफ होता है। श्वांस लेने में वेदना होती है। जठरांत्रशोथ, हीमोग्लोबिनमेह एवं जनन सम्बन्धी समस्यायें उत्पन्न होती हैं। सांडों में वीर्य की गुणवत्ता पर प्रभाव पड़ता है। वीर्य में शुक्राणु गतिहीनता का शिकार होने लगते हैं साथ ही साथ शुक्राणुओं में अकारिकी सम्बन्धित अनियमिततायें दिखायी देती हैं। एकल आमाशयी पशुओं में हृदगलन से तीव्र हृदपात हो सकता है। चिरकारी प्रकार में फुप्फुसीशोथ होता है। अरक्तता होती है। वजन घटता जाता है। तनाव रहता है। मेमनों, बकरियों तथा बछड़ों में हृदपेशी विकार होने पर पशु की एकाएक मृत्यु तक हो जाती है। कुत्तों में हृद आविषज प्रभाव के चलते स्थिति बिगड़ने लगती है। शोफ होता है। अति पिपासा होती है। शरीर का आयनिक संतुलन बिगड़ जाता है। रक्त में कैल्सियम की मात्रा बढ़ जाती है। विद्युत हृदलेख में समस्यायें आने लगती है (मार्गन, 1989)।

निदानः आविषालुता का निदान निम्नलिखित प्रकार से किया जा सकता है–

- कपास के बीज या खल के खाने के विषय में पशु स्वामी से जानकारी प्राप्त कर।
- लक्षणों के आधार पर।
- रक्त परीक्षण द्वारा।
- प्रति जैविकों का प्रभावी न होना।
- भोजन पदार्थो में अधिक सांद्रता में स्वतंत्र गॉसिपॉल का मिलना।
- *मृत पशु के शव विच्छेदन द्वाराः* मृत पशु की उदरीय, वक्ष एवं परिहृद गुहाओं में ताँबें या लाल रंग का द्रव भर जाता है जिसमें फाइब्रिन के गुच्छे मिलते हैं। हृदय आकार में बढ़ा हुआ, ढीला–ढाला, पीला या चकत्ते पड़ा हुआ दिखायी देता है। हृदपेशी पीली पड़ जाती है। निलय फैल जाता है। कपाटिकी में शोफ होता है। श्वास प्रणाल में झाग भर जाता है। फेफड़ों में रक्ताधिक्य होता है तथा अंतरालीय प्रकार का फुप्फुस शोफ होता है। फेफड़ों के अंतराखण्डक पट पर शोफ होता है। रेखित पेशियाँ पीली दिखायी देती हैं। गॉसिपॉल के यकृत एवं वृक्क में एकत्र होने के कारण इन अंगों में भी गॉसिपॉल की मात्रा का अध्ययन किया जा सकता है। यकृत

का आकार बढ़ जाता है। सतह पर सुनहरे रंग के चकत्ते पड़ जाते हैं। पकड़ने एवं दबाने पर यह आसानी से टूटने लगता है। वृक्क, प्लीहा एवं अन्य अंगों में रक्ताधिक्य एवं रक्त बिन्दु के निशान मिलते हैं। शोफ एवं हीमोग्लोबिनमेह की निशानदेही भी मिलती है।

- सेलीनियम, विटामिन ई एवं कॉपर की कमी, अमोनिया, मोनेन्सिन, सेलीनोमाइसिन की विषाक्तता तथा फुफ्फुस ग्रंथि अर्बुदता एवं वातस्फीति से विवेधित निदान कर।

उपचारः आविषालुता का कोई भी प्रभावी उपचार नहीं है। धीरे–धीरे लम्बी अवधि में होना तथा प्रभाव का भी चिरकारी होना, दोनों के कारण सक्रिय चारकोल एवं समतानी विरेचक की भूमिका भी नगण्य हो जाती है। गॉसिपॉल की आविषालुता का निदान होने पर पशु के भोजन से कपास के बीज या खल को तुरन्त ही हटा लेना चाहिये। किन्तु पशु के स्वास्थ्य में लाभ विष से हुए हृदविकार पर निर्भर करता है । यदि विकार कम होता है तो पशु कम समय में ठीक हो जाता है। अधिक होने पर पशु की मृत्यु निश्चित होती है। ऐसे पशु तनाव को अति संवदेनशील हो जाते हैं। पशु के भोजन में लाइसीन एवं मेथियोनिन आधिक्य वाली प्रोटीन तथा वसीय घुलनशील विटामिन को पूरक के रूप में प्रयुक्त करना चाहिये।

रोकथामः आविषालुता की रोकथाम निम्न प्रकार से की जा सकती है–

- पशुओं को चारे के साथ प्रोटीन, कैल्सियम हाइड्राक्साइड तथा आयरन के लवणों को खिला कर।
- कपास के बीज एवं खल युक्त प्रोटीन पूरकों में खिलाने से पहले गॉसिपॉल का निदान कर।
- गॉसिपॉल के आधिक्य वाले पशुओं के मांस के सेवन से परहेज कर।
- कपास के बीज/खल युक्त भोजन को गर्म कर तथा उसमें फेरस सल्फेट मिला कर।

संदर्भ

मार्गन, एस.ई. (1989). गॉसिपॉल एस ए टाक्सीकैंट इन लाइवस्टाक. इन बरोस जी.ई. (एड.) : दि वेटेरेनरी क्लीनिक्स आफ नार्थ अमेरिका : फूड एनीमल प्रैक्टिस फिलाडेल्फिया, डब्लू. बी. साउंडर्स, 1989, पेज–251–263।

बाब लार्सन (2008). काटन सीड फार कैटल, एन्युस जनरल, पेज 120।

❑❑❑

अध्याय 21

भाँग जनित आविषालुता

चित्र 31 : भांग का पौधा

कैनेबिस सेटाइवा, एशिया, अफ्रीका एवं अमेरिका के उष्णकटिबंधीय क्षेत्रों में खाली पड़ी हुई जंगली जमीन पर उगने वाला पौधा है, जिसकी लम्बाई 6–10 फीट तक होती है। अलग–अलग पौधों पर हरे–सफेद रंग के नर एवं मादा फूल खिलते हैं। विश्व के अलग–अलग भागों में इसे भिन्न–भिन्न नाम से पुकारा जाता है। भारत तथा कैरेबियन देशों में इसे *"गाँजा"*, मोरक्कों में *"कीफी"* तथा अफ्रीका में "डग्गा" कहते हैं। यद्यपि भेषजसक्रिय पदार्थ पौधे की पत्तियों, फूलों, कलियों, पुष्पक्रम के रोमों से लेकर सभी भागों में पाये जाते हैं, किन्तु, इनकी सांद्रता खिलती हुई कलियों में सर्वाधिक होती है। बीजों तथा फलों में सांद्रता सबसे कम होती है। इसको प्रायः पीसकर गोला या केक बनाकर खाया जाता है। कलियों के रोमों पर स्रावित राल को "हशीश" कहते हैं। इसको निष्कर्षित कर एकत्र करते हैं। अमेरिका में इस पौधे की उपचारीय स्वीकृति विवादित है तथा बिना औषधिपत्र के इसका प्रयोग अवैध माना जाता है। वर्तमान में इसे ग्लोकोमा के उपचार तथा कैंसर उपचार के द्वितीयक दुष्प्रभावों को दूर करने में प्रयुक्त किया जाता है (चित्र 31)।

भेषजसक्रिय तत्व एवं विषः *कैनेबिस सेटाइवा* में सक्रिय पदार्थो को सामूहिक रूप में कैनेबिनायड कहते हैं। पौधे से लगभग 60 से अधिक की संख्या में प्रमुख कैनेबिनायड प्रथक किये जा चुके हैं इनमें से एक तेलीय कैनेबिनाइड टेट्राहाइड्रोकैनेबिनाल (टी.एच.सी.) है। यह मनुष्यों के तंत्रिका तंत्र पर प्रभाव डाल कर मनोविकार उत्पन्न करता है। पौधे में इनकी सांद्रता पौधे की आयु, भाग तथा स्थानिक कारकों पर निर्भर करती है, तथा लगभग 2–8 प्रतिशत तक होती है। पौधे को हुक्का में पीने पर टी.एच.सी. की लगभग 25–50 प्रतिशत मात्रा अधिश्वसन द्वारा रक्त परिसंचरण में पहुँच जाती है। शरीर के भीतर कैनेबिनायड वसीय ऊतकों में एकत्र हो जाते हैं तथा यहाँ से धीरे–धीरे स्वतंत्र होकर मस्तिष्क पर प्रभाव डालते हैं। शरीर के अंदर यकृत के एन्जाइम इनको तोड़कर शरीर के बाहर निकाल देते हैं।

मेरीजुआना प्रथम सूची की नियंत्रित वस्तु है जिसे मनुष्य बहुधा अपने मन–बहलाव के लिए दुरूपयुक्त करता है। यद्यपि इसमें वमन, क्षुधाहीनता, पीड़ा एवं बहुत से तंत्रकीय विकारों के उपचार के गुण भी हैं। टी.एच.सी. (ड्रोनाबिनाल) को कैंसर के उपचाराधीन व्यक्तियों में मतली एवं वमन को रोकने तथा क्षुधाहीनता के शिकार एड्स के रोगियों में भूख प्रेरित करने के लिए प्रयुक्त किया जाता है। इसके एक अन्य अनुरूप (लैबोनैनट्राडोल) को पीड़ाहर के रूप में प्रयुक्त किया जाता है। सबलवाय में इसे आँख के भीतर के दबाव को कम करने में प्रयुक्त किया जाता है।

भेषजबलगतिकी: पशुओं में आविषालुता मुख्यतः भाँग को खाने से होती है। कुत्तों में खाने के 30–90 मिनट के भीतर ही लक्षण प्रकट होने लगते हैं, तथा 2 से 3 दिन तक रहते हैं आंत्र से धीरे–धीरे अवशोषित होकर टी.एच.सी. एवं अन्य कैनेबिनायड शीघ्रता से शरीर के विभिन्न ऊतकों में पहुँच जाते हैं। ऊतकों में इनकी मात्रा ऊतकों के प्रकार एवं उनमें रक्त प्रवाह की गति पर निर्भर करती है। अतिवसानुरागी होने के कारण इनकी सर्वाधिक मात्रा वसीय ऊतकों में एकत्र होती है। इन ऊतकों में टी.एच.सी. की उच्चतम् सांद्रता 4 से 5 दिनों में प्राप्त हो जाती है। वसीय ऊतकों से धीरे–धीरे मुक्त होकर यह अवयव लगातार शरीर के अन्य हिस्सों तथा मस्तिष्क में पहुँचते रहते हैं। ऊतकीय विविक्तीकरण के कारण वसा में इनकी जैविक अर्ध आयु 7 दिन होती है। भाँग की एक खुराक लेने के 30 दिनों के भीतर यह शरीर से पूर्ण रूप से बाहर निकल जाते हैं। बार–बार खाने पर इनकी अधिक मात्रा वसा में एकत्र हो जाती है जो धीरे–धीरे मुक्त होकर मस्तिष्क तक पहुँचती रहती है। मस्तिष्क के अंदर भी इनका वैवधिक वितरण होता है, तथा नव प्रमस्तिष्क, लिंबिक, संवेदी एवं प्रेरक/मोटर भाग में इनकी सांद्रता सर्वाधिक होती है।

आंत्रीय अवशोषण से रक्त में पहुँचने पर डेल्टा–9 टी.एच.सी. को यकृत में हाइड्रॉक्सिलीकरण एवं कार्बोक्सिलीकरण के एन्जाइम प्रथम यकृतीय पास में सक्रिय मध्यस्थ 11 हाइड्राक्सी डेल्टा–1 टी.एच.सी. में, तथा बाद में कार्बोक्सिलीकरण द्वारा अपेक्षाकृत अधिक ध्रुवीय निष्क्रिय मध्यस्थ 11 नारडेल्टा–9–टी.एच.सी. में परिवर्तित कर देते हैं। इस उपापचय के चक्र में लगभग 80 प्रकार के कैनेबिनायड बनते हैं, जिनमें से 11 हाइड्राक्सी–डेल्टा–9 टी.एच.सी. सर्वाधिक महत्वपूर्ण है जो बाद में टरपीन एवं ऐल्कीन जैसे नानकैनेबिनायड में टूट जाता है।

प्रथम यकृतीय पास में बने सक्रिय मध्यस्थ पित्त द्वारा आंत्र में पहुँचकर आंत्रयकृतीय परिसंचरण प्रक्रिया से पुनः रक्त में पहुँच जाते हैं। इनमें से केवल 35 प्रतिशत ही मूत्र में उत्सर्जित होते हैं तथा शेष 65 प्रतिशत का उत्सर्जन मल में होता है। इन मध्यस्थों को प्रथम बार सेवन करने वाले के मूत्र में 2 से 3 दिनों तक तथा चिरकालिक उपभोक्ताओं के मूत्र में 4 से 5 सप्ताह बाद तक प्राप्त किया जा सकता है। भाँग के धुयें का अभिश्वसन करने पर, खाने की तुलना में लक्षण शीघ्रता से प्रकट होते हैं किन्तु अपेक्षाकृत कम समय तक ही

रहते हैं। लक्षण प्रायः 20–30 मिनट में प्रकट होकर 2 से 3 घंटों तक रहते हैं। वसा में एकत्र अवयवों की जैविक अर्ध–आयु 3 दिन (जैफी, 2004) तथा चिरकारी उपभोक्ताओं में 4.1 दिन (2.9–5.0 दिन) होती है। समान मात्रा को खाने तथा धुँये में अभिशोषित करने पर, रक्त में अवयवों की सांद्रता खाने पर अभिशोषण की अपेक्षा केवल 20–30 प्रतिशत तक ही पहुँच पाती है।

भेषज क्रियाविज्ञानः डेल्टा टी. एच. सी. एवं अन्य कैनेबिनायड संभवतः केन्द्रीय एवं परिसरीय तंत्रिकोशिकाओं के सी बी 1 ग्राहक तथा प्रतिरक्षित कोशिकाओं के सी बी 2 ग्राहक से बंधित होकर मस्तिष्क के फ्रन्टल कार्टेक्स तथा अनुमस्तिष्क से अधिक मात्रा में तंत्रकीय संचारी एसिटिलकोलीन, डोपामीन, नारएपीनेफ्रीन तथा सीरोटोनिन का स्राव करवाते हैं, जिससे विभिन्न प्रकार के लक्षण प्रकट होते हैं। विद्युत शरीर क्रियात्मक एवं व्यवहारिक अध्ययन से स्पष्ट होता है कि अंतः, पादपजनित एवं कृत्रिम कैनेबिनायड प्रचालक तीव्र, शोथज एवं तंत्रिकाविकृति से उत्पन्न पीड़ा के प्रभाव को परिसरीय, मेरूकंटक तथा अधिकंटक स्थानों पर स्थिति सी बी 1 ग्राहक से बंधित होकर कम कर देते हैं। कुछ साक्ष्य शोथज एवं तंत्रिका विकृति से उत्पन्न दर्द में सी बी 2 ग्राहक की भूमिका की ओर भी इंगित करते हैं। कैनेबिनायड की यह पीड़ाहारी क्रिया सम्भवतः पूर्व अंतर्ग्रथन तंत्रिका संचारी के दमन, तंत्रकीय पेप्टाइड के स्राव तथा अंतर्ग्रथनोंत्तर तंत्रीकीय उत्तेजना के परिवर्तन से होती है। प्रतिरक्षी कोशिकाओं के शोथज पूर्व मध्यस्थों का स्राव भी इसमें प्रभाव डाल सकता है।

मनुष्यों में विभिन्न प्रकार के मनोवैज्ञानिक लक्षण प्रकट होते हैं। लक्षणों की विविधता मानव समूहों के व्यवहार पर निर्भर करती है। प्रायः मनुष्य अति उल्लास का शिकार हो जाता है। वह बिना किसी कारण के मुस्कराता है या फिर जोर जोर से ठहाका लगातार हँसता है, जो देखने वाले को अजीब लगता है। संवेदनायें अति जीवंत हो उठती हैं। रंग चटक गहरे एवं सुस्पष्ट हो जाते हैं। रंगों की तीव्रता बढ़ जाती है। वस्तुओं के आकार बदलते हुए लगते हैं। दूरी का अनुमान भी बदल जाता है। मनुष्य समय का ठीक से अनुमान नहीं लगा पाता है।

लक्षणः आविषालुता का प्रभाव मुख्यतः केन्द्रीय तंत्रिका तंत्र, श्वसन तंत्र, अंतः स्रावी तंत्र तथा आहार तंत्र पर पड़ता है। पौधे के सत्व की प्रायोगिक चूहों में एल डी 50 मुख द्वारा 21.6 ग्राम/किग्रा पशुभार, त्वचा द्वारा 11 ग्राम/किग्रा पशुभार तथा अंतः शिरा द्वारा 0.18 ग्राम/किग्रा पशुभार होती है। चूहों में टी.एच.सी. की एल डी 50 मुख मार्ग से 800–1900 मिग्रा प्रति किलो पशुभार होती है। कुत्तों में यह मात्रा 3000 मिग्रा प्रति किलो पशु भार तथा बंदरों में 9000 मिग्रा. प्रति किलो पशु भार तक होती है। उपर्युक्त मात्रा पर कुत्तों में मृत्यु प्रायः नहीं होती है तथा वह खाने के 24 घंटों के भीतर ही सामान्य होने लगते हैं। बंदरों में लक्षण लगभग 5 दिनों तक बने रहते हैं (थामसन एट अल, 1973)। पालतू पशुओं में कुछ मिनटों के उपरान्त ही केन्द्रीय तंत्रिका तंत्र में अवसाद के लक्षण प्रकट होने लगते

हैं। लक्षण अधिकांशतया कुत्तों में दिखायी देते हैं। पशु का व्यवहार बदल जाता है। पशु या तो गहरे अवसाद में चला जाता है या फिर चक्रानुसार अवसाद एवं उत्तेजना में गोते लगाता है। प्रारम्भ में पशु, कार्यिकी में सामान्जस्य के अभाव में अनियंत्रित होकर उठता एवं गिरता रहता है। तत्पश्चात् विभ्रम का शिकार होकर लगातार भौंकता है। प्रक्षोभन की अवस्था में पहुँचने पर पशु आक्रामक हो जाता है या फिर कोमा में चला जाता है। लगभग एक तिहाई मामलों में जठरांत्र से सम्बन्धित लक्षण प्रकट होते हैं। पशु को वमन होता है। मुँह सूखने लगता है या लार बहती है। अतिसार होता है। शरीर का ताप बढ़ जाता है। श्वसन एवं हृदय गति तीव्र हो जाती है। आँखों की पुतली फैल जाती है। नेत्र श्लेष्मल रक्त पूरित होती है। रंग चटक होने लगते हैं। दृश्य सुस्पष्ट होते हैं। बूँद–बूँद कर मूत्र बहता है। पशु आलसी हो जाता है। कुछ एक मामलों में पशु कोमा में चला जाता है। मृत्यु प्रायः नहीं होती है।

निदानः आविषालुता का निदान निम्नलिखित प्रकार से किया जा सकता है–

- भॉग खा लेने के विषय में पशु–स्वामी से जानकारी प्राप्त कर।
- लक्षणों के आधार पर।
- रक्त एवं मूत्र में टी.एच.सी. को प्राप्त कर।

उपचारः भाँग खाने के 30 मिनट के भीतर ही प्रेरित वमन, ग्राह्य सक्रिय चारकोल के सेवन एवं आंत्रीय सफाई द्वारा विष के अवशोषण एवं अवशोषित विष की मात्रा को कम कर लक्षणों की तीव्रता को मंद किया जा सकता है। कभी–कभी भाँग का प्रतिवमन का प्रभाव प्रेरित वमन को रोक देता है। इस स्थिति में भी पशु को ग्राह्य सक्रिय चारकोल का सेवन कराते रहना चाहिये क्योंकि यह अवशोषित विष के आंत्रयकृतीय परिसंचरण द्वारा आंत्र में स्रावित भाग को अधिशोषित कर पुनः रक्त में अवशोषण को रोक देता है। इस प्रकार सक्रिय चारकोल रक्त में विष की मात्रा को लगातार कम करता रहता है।

प्रक्षोभित कुत्तों में शामक औषधि डायजीपाम को 0.25–05 मिग्रा प्रति किग्रा पशुभार की दर से शिरा में इन्जेक्शन लगाना चाहिये। कुत्तों में रिंगर लेक्टेट या नार्मल समतानी द्रव भी चढ़ाया जा सकता है। पशु के ताप नियंत्रण पर सूक्ष्म दृष्टि रखनी चाहिये। साथ ही साथ हृदय गति, श्वसन गति एवं चूषण न्यूमोनिया जैसे द्वितीयक जटिलताओं पर भी ध्यान रखना चाहिये।

आविषालुता में मृत्यु प्रायः नहीं होती है तथा पशु 48–72 घंटों में पूर्ण रूपेण सामान्य हो जाता है।

संदर्भ

जैफी, पी. डोनल्डसन, सी.डब्लू. गुल्टने, एस. (2004). टू हन्ड्रेड एंड थरटीन केस आफ मैरीजुआना टाक्सीकोसिस इन डाग, वेट. ह्यूम. टाक्सीकाल. 46(1): 19–21।

थामसन, जी.आर. रोजिनक्रांट्ज, एच. सिचैपी, यू. एच. ब्राउड, एम.सी. (1973). कम्प्रीसन आफ एक्यूट ओरल टाक्सीसिटी आफ कैनेबिनायड इन रैट, डाग एंड मंकी टाक्सीकाल. एपल, फार्मेकाल, 25: 363–372।

□□□

अध्याय 22

क्रूसीफेरी परिवार के पौधों की आविषालुता

क्रूसीफेरी परिवार के सदस्य वृहद स्तर पर खाद्य पदार्थों एवं सब्जियों के लिये उगाये जाते हैं। ब्रोकली, फूलगोभी, बंदगोभी, मूली, गॉठगोभी, वसाबी इत्यादि पौधे सब्जी एवं सलाद में प्रयुक्त होते हैं। सरसों को साग, तेल एवं खल के लिए उगाते हैं। इसके अतिरिक्त कनौला, काली सरसों एवं अन्य को भी तेल निकालकर मानव उपयोग तथा खल को पशु उपयोग के लिए प्रयुक्त करते हैं। इस परिवार के पौधों में ग्लूटाथायोन, ग्लूकोसायनोलेट, आइसोथायोसायनेट, डाइइंडोलिलमेथेन, इंडोल–3–कार्बिनोल आदि यौगिक पाये जाते हैं, जो मनुष्यों को कैंसर, ऑक्सीकारक तनाव एवं लैंगिक रोगों से बचाते हैं। साथ ही साथ यह प्रतिसूक्ष्मजीवी, प्रतिकवक, प्रतिगोलकृमि एवं प्रतिप्रोटोजोआ के गुणों से भी परिपूर्ण होते हैं। किन्तु कुछ जानवरों जैसे कुत्ता, रो हिरन, खरगोश आदि के आहार के निर्माण में प्रयुक्त होने पर आविषालुता करते हैं। विषाक्तता में पशु में जठरांत्रशोथ, अतिसार, मुख से झाग गिरना, श्वसन अवरोध एवं प्रकाश सुग्राहिता के लक्षण प्रकट होते हैं। नैदानिक निश्चयता तथा लक्षण आधारित उपचार से रोग पर नियंत्रण पाया जा सकता है।

औषधीय गुणः क्रूसीफेरी परिवार के कुछ पौधों में हृदधमनी, जठरशोथ एवं कैंसर के रोगों के निवारण की क्षमता पायी जाती है। अनुसंधान में ज्ञात हुआ है कि गर्भित मादा चूहों को क्रूसीफेरी परिवार की सब्जियॉ खिलाने पर उसकी संतानों में अविकसित ताराणु कैंसर होने का खतरा कम हो जाता है। एक अन्य अनुसंधान में ज्ञात हुआ है कि स्वयं अतिरक्तदाबी से पीड़ित मादा चूहे को ब्रोकली खिलाने पर उसकी संतति में रक्तदाब सामान्य रहता है, तथा संतति में शोथज एवं ऑक्सीकारक तनाव के सूचक भी सामान्य रहते हैं। शोधार्थी भी मानते हैं कि क्रूसीफेरी परिवार के पौधों में विशिष्ट चिकित्सीय गुण, पौधों में (1) द्वितीयक चरण के एन्जाइम प्रेरक जैसे सल्फोराफेन एवं (2) ग्लूकोसायनोलेट तथा आइसोथायोसायनेट की उच्च मात्रा के कारण होते हैं। द्वितीय चरण के एन्जाइम उत्प्रेरक जैसे सल्फोराफेन शरीर की कोशिकाओं में प्रतिऑक्सीकारक अनुक्रिया तल से नियंत्रित जीन के रुपन को बढ़ाकर शरीर के भीतर अंतर्जात प्रतिऑक्सीकारक ग्लूटाथायोन की मात्रा को बढ़ा देते हैं जिससे कोशिकायें ऑक्सीकारक तनाव को सरलता से सह जाती हैं (वीरकिर्क एट अल, 2009)। पौधों में पाया जाने वाला ग्लूकोसायनोलेट एक बीटा थायोग्लूकोसाइड–एन–हाइड्रॉक्सीसल्फेट है तथा आइसोथायोसायनेट का पूर्वगामी है। ग्लूकोसायनोलेट, परिवार के पौधों के संरक्षण

में महत्वपूर्ण भूमिका निर्वाहित करता है। यह पौधे के समीप उगने वाले खरपतवार के पौधों की वृद्धि को रोक देता है। साथ ही साथ यह सकारात्मक एवं नकारात्मक संचरण प्रक्रिया को नियंत्रित कर कीटनाशी का भी कार्य करता है। इसके अतिरिक्त ग्लाूकोसायनोलेट में प्रतिगोलकृमि, प्रतिसूक्ष्मजीवी, प्रतिकवक एवं प्रतिप्रोटोजोआ के गुण भी पाये जाते हैं। क्रूसीफेरी परिवार के पौधों में इसकी मात्रा उनके शुष्क भार के आधार पर एक प्रतिशत से अधिक होती है। पौधों में पाया जाना वाला मायारोसिनेज (बीटा थायोग्लूकोसाइडेज) एन्जाइम पौधे के चोटिल होने या चबाये जाने पर ग्लूकोसायनोलेट को आइसोथायोनेट एवं अन्य उत्पादों में परिवर्तित कर देता है (सपीरो एट अल, 1998)। इस क्रिया के कारण ही हार्सरेडिस, सरसों एवं वसाबी तथा अन्य क्रूसीफेरी परिवार के पौधों के स्वाद में तीक्ष्णता होती है (चित्र 32–33)। मायरोसिनेज की अनुपस्थिति में या सब्जी बनाते समय मायरोसिनेज के ताप निष्क्रिय हो जाने पर मनुष्यों की आंत्र में पाये जाने वाले सूक्ष्मजीव ग्लूकोसायनोलेट को सफलतापूर्वक आइसोथायोसायनेट में परिवर्तित कर लेते हैं। पौधों में लगभग 120 प्रकार के रासायनिक रुप से वैविध ग्लूकोसायनोलेट पाये जाते हैं। इनमें से अधिकांशतया क्रूसीफेरी परिवार के पौधों में पाये जाते हैं। इसके अतिरिक्त पन्द्रह अन्य पादप परिवार के खाद्य योग्य पौधों में भी मनुष्यों के आहरण के लिए ग्लूकोसायनोलेट पाये जाते हैं। ग्लूकोसायनोलेट एवं आइसोथायोसायनेट में मनुष्यों में कैंसरजनन से संरक्षण करने का गुण होता है। प्राकृतिक एवं कृत्रिम प्रकार के आइसोथायोसायनेट को लेकर विभिन्न पशु माडल में किये गये प्रयोगों से स्पष्ट होता है कि उक्त यौगिक रासायनिक पदार्थों की कैंसरजनन की प्रक्रिया को प्रभावकारी तरीके से संदमित करते हैं। इसी प्रकार के प्रयोगों से ज्ञात हुआ है कि आइसोथायोसायनेट एक दर्जन से अधिक रासायनिक रूप से विभेदित कैंसरजनक पदार्थों की कैंसरजनन की प्रक्रिया को अवरुद्ध कर कैंसर से बचाव करते हैं (स्टोइसैंड, 1995)। एक अन्य अनुसंधान से ज्ञात हुआ है कि आइसोथायोसायनेट सिगरेट में सर्वाधिक प्रभावशाली कैंसरकारी यौगिक नाइट्रोसैमीन कैंसरकारी 4–(मेथिलनाइट्रोसैमीन)–1–(3 पिरिडिल)–1– ब्यूटानोन (एन.एन.के.) के चपापचय की प्रक्रिया को संदमित कर फेफड़ों के कैंसर को होने से रोकता है। इसी प्रकार फेफड़ों

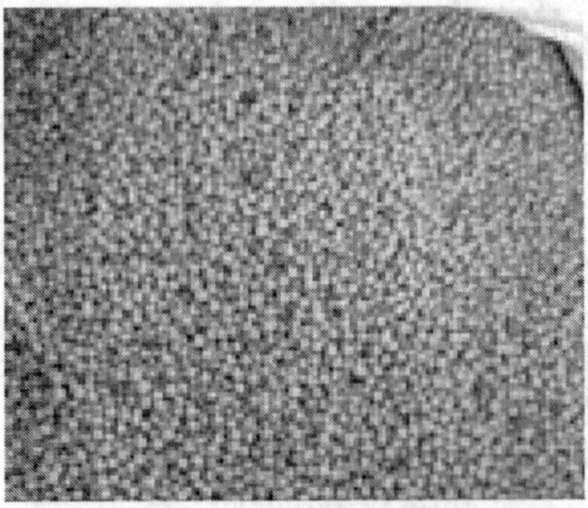

चित्र 32 : सरसों का बीज

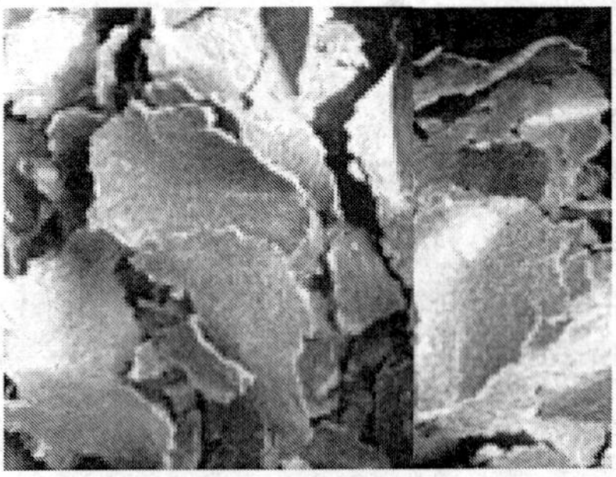

चित्र 33 : सरसों की खल

के कैंसर पर किये गये एक अन्य अनुसंधान, जिसमें मनुष्यों के मूत्र में ग्लूकोसायनोलेट एवं आइसोथायोसायनेट के चपापचय के फलस्वरूप उत्पन्न डाइथायोकार्बामेट के उत्सर्जन को ग्लूकोसायनोलेट एवं आइसोथायोसायनेट के उपयोग के सूचक के रूप में प्रयुक्त किया गया है, में पाया गया है कि इस परिवार के पौधों को खाने वाले मनुष्यों में फेफड़ों के कैंसर का खतरा कम होता है। ग्लाकोसायनोलेट एवं आइसोथायोसायनेट का संरक्षणकारी प्रभाव उन व्यक्तियों में जिनमें उपुर्यक्त को शीघ्रतापूर्वक डाइथायोकार्बामेट में विघटित कर शरीर की कोशिकाओं के भीतर ग्लाकोसायनोलेट एवं आइसोथायोसायनेट की मात्रा को नगण्य करने वाले ग्लूटाथायोन ट्रांसफेरेज एम–1 एवं टी–1 एन्जाइम को नियंत्रित करने वाले जीन को निष्क्रिय कर दिया जाता है, अधिक स्पष्टता से प्रकट होता है। एक अन्य अनुसंधान में पाया गया है कि उन पुरुषों में जो सप्ताह में तीन या अधिक बार क्रूसीफेरी परिवार की सब्जियों का सेवन करते हैं उनमें पुरःस्थ कैंसर के होने का खतरा लगभग आधा रह जाता है। क्रूसीफेरी परिवार के पौधों में डाइइंडोलिलमेथेन एवं इसका पूर्वगामी इंडोल–3–कार्बिनोल (आई 3 सी) नामक अन्य लाभदायक पदार्थ भी पाये जाते हैं। डाइइंडोलिलमेथेन चपापचय के समय आमाशय में सक्रिय जठर अम्ल की क्रिया तथा पौधे में पाये जाने वाले एन्जाइम के द्वारा स्वतंत्र होता है। इनका उपयोग महिलाओं में स्तन कैंसर के खतरे को कम करने तथा गर्भाशयग्रीवा दुर्विकसन को समाप्त करने के लिए किये जा रहे अनुसंधानों में किया जा रहा है। आई–3 सी टेस्टोस्टेरॉन को ईस्ट्रोजन में प्रतिरुपित करने वाले एन्जाइम "ऐरोमैटोज" की क्रियाविधि को बढ़ाकर पुरुष एवं महिलाओं में ईस्ट्रोजन के असंतुलन से होने वाले सेक्स सम्बन्धी रोगों का निदान करता है। प्राकृतिक रूप में पादप आधारित पूर्वगामी से निर्मित यह यौगिक शुद्ध रुप में बाजार में उपलब्ध है। ग्लूकोसायनोलेट के जल अपघटन के फलस्वरूप उत्पन्न आइसोथायोसायनेट एवं अन्य, अवटु ग्रंथि द्वारा आयोडीन ग्रहण करने की प्रक्रिया को बाधित कर गलगंड (घेंघा) रोग उत्पन्न करते हैं। क्रूसीफेरी परिवार के कुछ पौधों में विद्यमान एस–मेथिल–सिस्टीन सल्फोक्साइड के व्युत्पन्न गोपशु में अल्परक्तता भी करते हैं।

विषाक्तता: क्रूसीफेरी परिवार के कुछ पौधे जानवरों में आविषालुता भी करते है। सरसों की खली, पत्तियाँ अथवा बीज मिश्रित खाद्य पदार्थो को खा लेने पर कुत्ता, रो हिरन एवं खरगोश में आविषालुता के कुछ छिटपुट मामले प्रकाश में आये हैं। कुछ अन्वेषणों ने भी इस प्रकार की घटनाओं के होने की पुष्टि की है। ऐसा पाया गया है कि ग्लूकोसायनोलेट एवं आइसोथायोसायनेट के पशु चपापचय की प्रक्रिया में विघटन के फलस्वरूप बने कुछ उत्पाद जैसे नाइट्राइल, एपिथायोनाइट्राइल, विनिल ऑक्सीजोलिडीनथायोन आदि जिनके विषय में अधिक ज्ञात नहीं है, कुछ पशुओं में आविषालुता एवं खाद्य जनित रोग करते हैं। सरसों के बीज के पाउडर एवं वाष्पित तेल को आवश्यकता से अधिक मात्रा में खा लेने पर जठरांत्रशोथ होता है तथा कभी–कभी यह घातक भी हो जाता है (वाट एवं बेयर–ब्रांडविज्क,1962)। क्रूसीफेरी परिवार के पादपों से बने भोज्य पदार्थों को अधिक मात्रा

में खा लेने पर कुछ लोगों को भूख की कमी, यकृत, वृक्क, अवटु ग्रंथि में अतिवृद्धि एवं प्लाज्मा थाइरॉक्सिन में अप्रत्याशित कमी के लक्षण प्रकट होते हैं। सरसों के वाष्पित तेल में सिनिगिरीन अथवा सिनिअल्बीन नामक ग्लाइकोसाइड भी पाये जाते हैं, जो मायरोसिनेज एन्जाइम द्वारा अपघटित होने पर ग्लूकोज एवं पोटैशियम बाइसल्फेट, एलिल आइसोथायोसायनेट का निर्माण करते हैं जो कुछ जानवरों में जठरांत्रशोथ, उदरशूल, अतिसार, मुँह से झाग निकलना, श्वसन अवरोध एवं प्रकाश–सुग्राहिता के लक्षण प्रकट करते हैं। यद्यपि क्रूसीफेरी परिवार के पौधों में विद्यमान यौगिक एवं उनके जलअपघटन के फलस्वरूप बने उत्सर्गी पदार्थ मनुष्य उपभोग में क्रमशः गुणकारी एवं निष्क्रिय होते हैं, किन्तु कुछ जानवरों के आहार के निर्माण में प्रयुक्त करने पर यह जानवरों में विषाक्तता करते हैं। अतः पशु आहार के निर्माण में इनका उपयोग सोच–समझकर ही करना चाहिये।

लक्षणः सरसों के पौधे वाष्पित तेल एवं बिनौला को मिश्रित कर बनाये गये पशु आहार को लगातार खाने पर कुछ जानवरों में आविषालुता होती है। रोगी की भूख कम हो जाती है। यकृत, वृक्क एवं अवटु ग्रंथि में अतिवृद्धि होती है। मुँह से झाग गिरते हैं। अतिसार होता है। कुछ पशुओं में उदरशूल होता है। अन्य में श्वसन अवरोध एवं प्रकाश सुग्राहिता के लक्षण प्रकट होते हैं।

निदानः विषाक्तता का निदान निम्नलिखित प्रकार से किया जा सकता है–

- क्रूसीफेरी परिवार के पौधों से निर्मित आहार को खिलाने के विषय में जानकारी प्राप्त कर।
- प्रयोगशाला में मूत्र में ग्लूकोसायनोलेट एवं आइसोथायोसायनेट के अपघटन से बने डाइथायोकार्बामेट का मात्रात्मक अध्ययन कर।

उपचारः विष का प्रतिकारक नहीं है। नैदानिक निश्चयता के साथ चिकित्सक की देखरेख में लक्षण आधारित उपचार किया जाता है।

रोकथामः जिन पशुओं में आविषालुता होती है उनके आहार के निर्माण में क्रूसीफेरी परिवार के पौधों के अंशदान को रोककर आविषालुता को होने से रोका जा सकता है।

संदर्भ

वीरकिर्क, आर. श्रीनर, एम. क्रूमबिन, ए.एट.अल. (2009). ग्लूकोसायनोलेट इन ब्रेसिका वेजीटेबिल्सः द इन्फ्लूयंश आफ दि फूड सप्लाई चेन आन इनटेक, बायोअवैलेविटी एंड ह्यूमन हेल्थ, माल, न्यूट्र.फूड रिसर्च, 53(2): 8219।

वाट, जे.एम. एंड बेयर–ब्रांडविज्क, एम.जी. (1962). दि मेडीसिनल एंड प्वाइजिनस प्लांट्स आफ साउदर्न एंड ईस्टर्न अफ्रीका, सेकेण्ड एडीशन, ई.एंड एस. लिविंगस्टोन लिमिटेड, एडिनवर्ग एंड लंदन।

सपीरो, टी.ए. फाहे, जे. डब्लू. वेडे, के.एल. स्टीफेन्सन, के.के. तलाले, पी (1998). ह्ययूमन मेटाबोलिज्म एंड एक्सीक्रीसन ऑफ कैंसर कीमोप्रोटेक्टिव ग्लूकोसायनोलेट एंड आइसोथायोसायनेट ऑफ क्रूसीफेरस वेजीटेबल. कैंसर एपीडिमोल बायोमार्कर्स प्रीव, 7(12): 1091–1100।

स्टोइसैंड, जी.एस. (1995). बायोएक्टिव आर्गेनोसल्फर फाइटोकैमिकल इन ब्रेसिका ओलिरेसिया वेजीटेबल्स–अ रिव्यू. फूड कैम टॉक्सीकाल, 33(6): 537–543।

□□□

अध्याय 23

तिक्त लौकी की आविषालुता

तिक्त लौकी या लौकी के जूस में पाया जाने वाल कुकरबिटेसिन विष मनुष्यों एवं जानवरों में विषाक्तता करता है। आविषालुता में रोगी को मतली आती है। उदरशूल होता है। रक्तवमन, रक्तप्रवहिका एवं रक्तमूत्रता होती है। रक्तदाबहास होने से नाडी का स्पंदन डूबने लगता है। अत्याधिक रक्तस्राव के कारण स्तब्धता होती है। शीघ्र उपचार न मिलने पर रोगी की मृत्यु हो जाती है।

कारण: लौकी, *लेग्नेरिया सिसरेरिया* कुकरबिटेसी परिवार का सदस्य है। यह तीव्र गति से बढ़ने वाला एकवार्षिक पौधा है। पौधे का तना कमजोर एवं बहुशाखित होता है। तने पर प्रतान उगते हैं। प्रतान की सहायता से पौधा सहारा लेकर फैलता जाता है। तने पर गहरे हरे रंग की बड़े आकार की चौड़ी पत्तियां घनी होकर लगी रहती हैं। ग्रीष्म ऋतु में सफेद रंग के द्विलिंगी फूल खिलते हैं (चित्र 34)। दो या तीन माह की आयु की वेल पर आकार में गोल, अंडाकार या लम्बे फल लगते हैं। फलों के छिलके का रंग हल्का हरा होता है। फल के भीतर सफेद रंग का गूदा होता है। गूदे में छोटे–छोटे बीज बनते हैं (चित्र 35)। लौकी को भारतीय द्वीप समूह में दुद्धी भी कहते हैं (हो एट अल, 2014)।

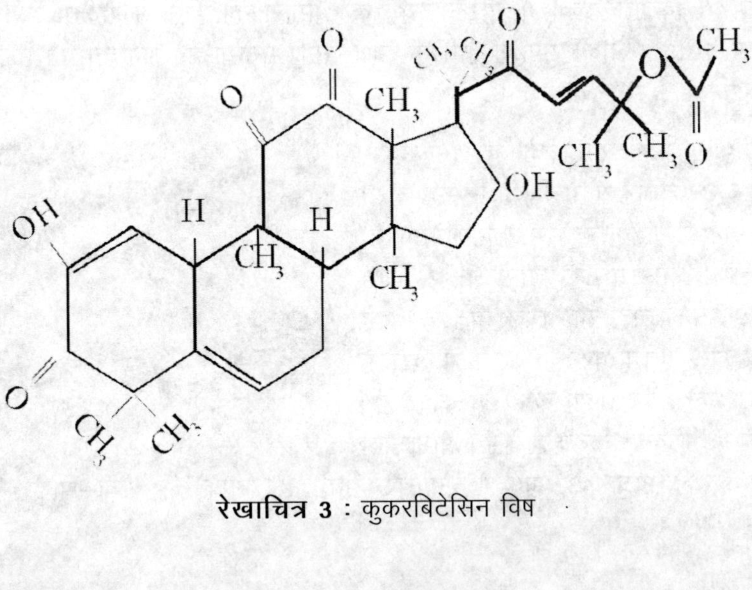

रेखाचित्र 3 : कुकरबिटेसिन विष

चित्र **34** : लौकी का फूल

उपयोगः कच्ची लौकी की सब्जी बनाकर रुचिपूर्वक खाया जाता है। फल का जूस निकालकर पिया जाता है, जो स्वास्थ्यवर्धक टॉनिक का कार्य करता है। फल में हृद एवं यकृत पुष्टक, मूत्रल, वाजीकर एवं कुछ आविषकारी तत्व पाये जाते हैं। लौकी को व्रण/अल्सर, ज्वर, खांसी, दमा एवं अन्य श्वसन सम्बन्धी रोगों के उपचार में प्रयुक्त किया जाता है। जूस में पीड़ाहर एवं शोथरोधी गुण होता है। लौकी के इथनॉल के निष्कर्ष में यकृत पुष्टक, प्रतिऑक्सीकारक, प्रतिअतिग्लाइसिमिक, इम्यूनोमॉड्यूलेटरी, प्रतिअतिवसाकारी एवं हृदयपुष्टकारी पदार्थ पाये जाते हैं (शीरवेकर एवं श्रीनिवासन, 1996. घुले एट अल, 2006. देशपाण्डे एट अल, 2008)। चिकित्सीय गुणों के अतिरिक्त, लौकी में विटामिन सी, थायमिन (विटामिन बी1), नियासिन (विटामिन बी3), पैंटोथिनिक अम्ल (विटामिन बी5), पिरिडॉक्सीन (विटामिन बी6), बीटा कैरोटीन, पेक्टिन एवं कोलीन की भी प्रचुर मात्रा पायी जाती है। साथ ही साथ लौकी में कैल्सियम, मैग्नीशियम, पोटैशियम, मैंगनीज, लौह एवं जिंक जैसे लवणों की भी पर्याप्त मात्रा होती है। इसके अतिरिक्त लौकी में फुकोस्टेरॉल, कैंपस्टेरॉल, ट्राइटरपीन, फ्लेवोनाइड, सैपोनिन एवं सी–फ्लेवोन ग्लाइकोसाइड जैसे जैव सक्रिय पदार्थ पाये जाते हैं, जो लौकी को प्रतिऑक्सीकारक एवं प्रतिकैंसरकारक गुण प्रदान करते हैं (देश पाण्डे एट अल, 2007)। लौकी में ऊर्जा की मात्रा कम होती है। इसके प्रति 100 ग्राम मात्रा से केवल 100 कैलोरी ऊर्जा ही प्राप्त होती है। अतः मनुष्यों में वजन कम करने के लिए डाइटीशियन लौकी के सेवन की सलाह देते हैं। लौकी में कम मात्रा में फोलेट भी होता है, जो गर्भकाल में लौकी का सेवन करने वाली माताओं के नवजात बच्चों में न्यूरल ट्यूब की बीमारी को होने से रोकता है (वर्मा एवं जैसवाल, 2015)। लौकी सुपाच्य होने के साथ–साथ मनुष्यों को अपाचन एवं मलबद्धता की बीमारियों से भी बचाती है।

चित्र **35** : लौकी

विषः कुकरबिटेसी परिवार के सभी सदस्य कुछ न कुछ जटिल यौगिकों का निर्माण करते हैं, जिनको सामूहिक रूप से "कुकरबिटेसिन" कहते हैं। रासायनिक संरचना में यह टेट्रासाइक्लिक ट्राइटरपीनोयड होते हैं। यह यौगिक कीट–पतंगों पर विष का कार्य करते हैं तथा पौधे को हानिकारक कीटों से बचाते हैं। स्वाद में यह तिक्त/कडुवे होते हैं। सामान्यतः पौधे में इनकी मात्रा 130 पी पी एम तक होती है। लौकी में थोड़ी–थोड़ी मात्रा में

बी.,डी., जी. एवं एच. प्रकार के कुकरबिटेसिन पाये जाते है (रेखाचित्र संख्या 3)। कम उपजाऊ मृदा एवं जलवायु की विपरीत परिस्थितियों में उगने वाले पौधों में कुकरबिटेसिन की मात्रा असामान्य रूप से बढ़ जाती है। इस कारण इन पौधों के फलों का स्वाद अति तिक्त हो जाता है। इस प्रकार के फलों को कच्चा खाने या उनका जूस निकालकर पीने पर मनुष्य में आविषालुता होती है।

विषाक्तताः लौकी में कुकरबिटेसिन की अधिकता विषाक्तता करती है। कुकरबिटेसिन एक कोशिका आविषी प्रकार का विष है। यह 37^0 सेग्रे तापक्रम पर मात्रा आधारित प्रकार से हीला कोशिकाओं के कार्टिसाल से लेकर ग्लूकोकार्टिकॉइड ग्राहकों से बंधित होकर कोशिका आविषी प्रभाव प्रकट करता है। विष रक्त परिसंचरण तंत्र में कोशिकाओं से रक्त रिसाव को बढ़ाकर रक्तदाबहासी का कार्य करता है। परिसंचरण तंत्र से निकलकर रक्त वक्ष, उदरगुहा, आहारनाल एवं अन्य अंगों में एकत्र होने लगता है। कुकरबिटेसिन सिग्नल ट्रांसड्यूसर एवं ट्रांसक्रिप्टान–3 के सक्रियक (एस.टी.ए.टी.3) के संदमक का कार्य करता है। यह सिग्नल संचरण के जे.ए.के.एस.टी.ए. मार्ग तक एम.ए.पी. के. मार्ग को भी संदमित कर कोशिका आविषी का कार्य करता है। कुकरबिटेसिन की अधिक मात्रा लौकी के रस को करेले के जूस जैसा तिक्त/कडुवा बनाकर मनुष्यों को जूस पीने से रोककर विषाक्तता से बचाव करने का कार्य करती है, किन्तु अज्ञानतावश या जानबूझकर मनुष्य करेले जैसा तिक्त स्वाद वाला 50 से 300 मिली तक लौकी का जूस पीता है तो मनुष्य में लौकी/जूस की आविषालुता होती है (रूपम एट अल, 2016)। मनुष्यों में लौकी के जूस से आविषालुता होने के कुछ मामले 1981–82 में आस्ट्रेलिया तथा अलबामा एवं 1984 में कैलीफोर्निया से प्रकाश में आये हैं (कुमार एट अल, 2013)। भारतवर्ष में भी प्रातः काल को गुणकारी लौकी के जूस को पीने के प्रचलन के चलते कुछ व्यक्तियों द्वारा असावधानीपूर्वक तिक्त जूस पी लेने के कारण लौकी की आविषालुता के कुछ मामले उत्तराखण्ड एवं जम्मू–कश्मीर सहित देश के अन्य भागों से प्रकटित एवं प्रकाशित हुए हैं। आविषालुता में उदरशूल, रक्तवमन, अल्परक्तदाब, जठरांत्ररक्तस्राव, प्रवाहिका एवं स्तब्धता के लक्षण प्रकट होते हैं। कुकरबिटेसिन अंतर्जीव एवं अंतःपात्र प्रयोगिक अध्ययन में कोशिका आविषी प्रति अर्बुद प्रभाव भी प्रदर्शित करता है।

लक्षणः पचास से तीन सौ मिली तक तिक्त लौकी का रस पी लेने अथवा कड़वी कच्ची लौकी को खा लेने पर मनुष्यों में आविषालुता के लक्षण प्रकट होते हैं। लक्षण बहुधा जूस पीने के 30 मिनट (3 मिनट से 9 घंटों के बीच) पश्चात् प्रकट होते हैं। रोगी में उदरशूल होता है। जठरांत्र में रक्तस्राव के कारण रक्तवमन होता है। गुदामार्ग से रक्तस्राव होता है। प्रवाहिका होती है। अल्पमूत्रता एवं रक्तमूत्रता होती है। रक्तदाबहास होता है। कम तीव्रता में विषाक्तता का प्रभाव 2 से 7 दिनों तक बना रहता है (पुरी एट अल, 2011)। अधिक रक्तस्राव होने के कारण शॉक/स्तब्धता, बहुअंग विफलता से तथा ससमय एवं उचित उपचार के अभाव में रोगी की मृत्यु हो जाती है। कड़वी लौकी की सब्जी खा लेने पर 5 से 25 मिनटों में मतली, वमन, रक्तवमन, प्रवाहिका, रक्तदाबहास के लक्षण प्रकट

होते हैं। चिकित्सक को समझदारी से कुकरबिटेसी परिवार की सब्जी के खान–पान एवं स्वाद के विषय में जानकारी प्राप्त कर संदेह होने पर शीघ्र उपचार प्रारम्भ कर देना चाहिये।

निदानः विषाक्तता का निदान निम्नलिखित प्रकार से किया जा सकता है–

- तिक्त कच्ची लौकी खाने अथवा लौकी के जूस को पीने के विषय में जानकारी प्राप्त कर।
- सेप्टिक द्वारा बहुअंग विफलता करने वाले रोगों से विभेदीकृत पहचान कर।
- स्टैफिलोकॉकस, क्लॉस्ट्रीडियम तथा अन्य जीवाणु एवं विषाणुजनित खाद्य आविषालुता से विभेदीकृत पहचान कर।
- स्तब्धता कारक रोगों से विभेद कर।
- रक्तवमन, रक्त प्रवाहिका कारक रोगों से विभेदीकृत पहचान कर।

उपचारः कुकरबिटेसिन विष का प्रतिकारक नहीं है। नैदानिक निश्चयता के साथ–साथ शीघ्रतापूर्वक रोगी को चिकित्सक के पास ले जाना चाहिये। उपचार में अंतःशिरा समतानी तरल, स्टेरॉयड, वाहिकादाबवर्धी, प्रोटान पम्प संदमक एवं अन्य सहायक उपचार प्रभावशाली पाये गये हैं (पुरी एट अल, 2011)।

रोकथामः भारतीय चिकित्सा अनुसंधान परिषद ने कुकरबिटेसिन से होने वाली आविषालुता की रोकथाम के लिए निम्न सुझाव दिये हैं–

- लौकी का जूस निकालने से पहले उसके एक टुकड़े को काटकर तिक्तता के लिए चखना चाहिये। यदि टुकड़े का स्वाद तिक्त हो तब लौकी का प्रयोग सब्जी बनाने या जूस निकालने के लिए नहीं करना चाहिये।
- लौकी का तिक्त रस किसी भी परिस्थिति में नहीं पीना चाहिये।
- लौकी के जूस में किसी अन्य जूस की मिलावट नहीं करनी चाहिये।
- दुर्घटनावश पी लेने पर रोगी को मतली, बेचैनी, वमन की स्थिति आने से पहले निकटतम् चिकित्सालय पर प्राथमिक एवं विशिष्ट उपचार के लिये ले जाना चाहिये।

उक्त सुझावों को अपनाकर लौकी से होने वाली आविषालुता को रोका जा सकता है।

संदर्भ

देशपांडे, जे.आर. मिश्रा, एम.आर. मेघरे, वी.एस. वडोकर, एस. जी.एवं डोरले, ए.के. (2007). फ्री रेडिकल स्कावेंनजिंग एक्टीविटी ऑफ लेग्नेरिया सिसरेरिया (मोल.) स्टैंडल फ्रूट. नेट. प्रोड. रैड, 6: 127–130।

देशपांडे, जे.आर. चौधरी, ए.ए. मिश्रा, एम.आर. मेघरे, वी.एस. एवं वडोकर, एस.जी. (2008). बेनीफीशियल इफैक्ट्स ऑफ लेग्नेरिया सिसरेरिया (मोल.) स्टैंडले फ्रूट एपीकार्प इन एनीमल माडल्स. इंडियन जनरल ऑफ एक्सपेरीमेंटल बायोलाजी, 46: 234–242।

घुले, बी.वी. घंटा, एमएच. उपागनलावर, ए.बी. एवं येले, पी.जी. (2006). अनलजिसिक एंड एंटी–इन्फ्लेमेटरी एक्टीविटीज ऑफ लेग्नेरिया सिसरेरिया स्टैंड फ्रूट जूस एक्सट्रैक्टस इन रैट्स एंड माइस. फरमैकोगोनोसी मैगजीन, 2: 232–238।

हो, सी.एच. हो, एम.जी. हो एस.पी., हो, एच.एच. (2014). बिटर बाटल गार्ड (लेग्नेरिया सिसरेरिया) टॉक्सीसिटी. जनरल इमर्जिग मेडीसिन, 46(6): 772–775।

कुमार, एन. रावसाहेब, के. आशू बी.टिकू (2013). कीमोप्रिवेन्टिव इफैक्ट ऑफ लेग्नेरिया सिसरेरिया इन टू स्टेज डी.एम.बीए. प्लस क्रोटोन ऑयल इन्डूयूस्ड स्किन पैपिलोमाजिनेसिस. न्यूट्रीशन एंड कैंसर, 65(7): 991–1001।

पुरी, आर. सुड, आर. खालिक, ए. कुमार, एम. जैन, एस. (2011). गैस्ट्रोइंटिसटाइनल टॉक्सीसिटी ड्यू टू बिटर बाटल गार्ड (लेग्नेरिया सिसरेरिया)–ए रिपोर्ट ऑफ 15 केस. इंडियन जनरल ऑफ गैस्ट्रोइन्टीरोलॉजी, 30(5): 233–236।

रूपम, एस.एम. देवी, राजेश्वरी वी. कल्पना, वी.एन. इलांगो, जी. (1016). बायोटेक्नोलॉजी एंड फर्मकोलाजीकल इवैल्यूएशन ऑफ इंडियन वेजीटेबल क्रॉप लेग्नेरिया सिसरेरिया: एन ओवर व्यू, एप्लाइड माइक्रोबायोलॉजी एवं बायोटेक्नोलाजी, 100(3): 1153–1162।

शीरवेकर, ए. एवं श्रीनिवासन, के.के. (1996). कैमिकल इन्वेस्टीगेशन एंड एंटीहिपैटोटॉक्सिक एक्टीविटी ऑफ दि फ्रूट्स ऑफ लेग्नेरिया सिसरेरिया. इंडियन जनरल ऑफ फर्मेकोलाजिकल साइंस, 58: 197–202।

वर्मा, ए. एवं जैसवाल, एस. (2015). बाटल गार्ड (लेग्नेरिया सिसरेरिया) जूस प्वाइजनिंग, वर्ल्ड जनरल ऑफ इमर्जिंग मेडीसिन, (4): 308–309।

□□□

अध्याय 24

सेब की आविषालुता

एक पुरानी कहावत है–"प्रतिदिन एक सेब खाने से शरीर से रोग तथा घर से डॉक्टर दूर रहता है।" क्या किसी को विश्वास हो सकता है कि अतिगुणकारी सेब भी विषाक्तता उत्पन्न करता है। किन्तु यह सत्य है कि कुत्ता, बिल्ली एवं घोड़ों में सेब की आविषालुता के कुछ मामले प्रकाश में आये हैं। सेब में अमगडेलिन एवं पोडोफिलोटॉक्सिन नामक दो विष होते हैं। जो उपर्युक्त पशुओं में आविषालुता उत्पन्न करते हैं। अमगडेलिन की विषाक्तता में पशु की दृश्य श्लेष्मल चटक लाल रंग की हो जाती है। ऑखी की पुतली फैल जाती है। श्वांस लेने में कठिनाई होती है। पशु हाँफता है। पोडोफिलोटॉक्सिन की अधिकता में पशु में बेचैनी एवं घबराहट होती है। त्वकशोथ होता है। मुखव्रण एवं कंठदाह होता है। उदरशूल, वमन एवं प्रवाहिका होती है। गति विभ्रम, मंद प्रतिवर्जन एवं अभिग्रहण के लक्षण प्रकट होते हैं।

चित्र 36 : सेब

विषः सेब में दो प्रकार का विष होता हैः अमगडेलिन एवं पोडोफिलोटॉक्सिन। अमगडेलिन सेब के बीज एवं मध्य भाग में पाया जाता है। यह एक सायनाइड उत्पन्न करने वाला ग्लाइकोसाइड है। बीजों को चबाने तथा खा लेने पर पशु एवं मनुष्य के जठरांत्र के एन्जाइम अमगडेलिन को अपघटित कर हाइड्रोजन सायनाइड गैस उत्पन्न करते हैं। अधिक मात्रा में होने पर यह गैस आविषालुता उत्पन्न करती है। मनुष्यों में अमगडेलिन की 0.5–3.5 मिग्रा प्रति किलोभार की मात्रा आविषालुता करती है। सेब के प्रतिग्राम बीज में अमगडेलिन की मात्रा लगभग तीन मिलीग्राम होती है तथा सेब के एक बीज का भार लगभग 0.7 ग्राम होता है। उपर्युक्त वर्णन से स्पष्ट है कि सेब के एक या दो बीज दुर्घटनावश खा लेने पर मनुष्य में आविषालुता नहीं होती है (चित्र 36–37)।

अन्य विष पोडोफिलोटॉक्सिन राल/रेसिन के रूप में सेब के पौधे के सभी भागों में पाया जाता है, किन्तु जड़ों/मूल में इसकी मात्रा सर्वाधिक होती है (यमाटा एट अल,

1999)। इस विष के कंद–मूल शाकीय चिकित्सा पद्धति में खसरा एवं अन्य विषाणु जनित रोग के उपचार में प्रयोग के कुछ संदर्भ मिलते हैं, किन्तु इसको किसी भी स्थिति में चिकित्सक के परामर्श के बिना प्रयोग करना वर्जित है। विष, पशु की त्वचा के सम्पर्क में आने पर संसर्ग त्वकशोथ करता है। सेब के पौधे के विभिन्न भागों को खा लेने पर विष पशुओं की जठरांत्र में शोथ तथा केन्द्रीय तंत्रिका तंत्र के संदमक का कार्य करता है। पोडोफिलोटॉक्सिन रेजिन दाहक का कार्य करता है तथा कोशिका के विभाजन की प्रक्रिया को बाधिक कर देता है। एक साथ खाने तथा त्वचा के सम्पर्क में आने पर अवशोषण द्वारा शरीर के भीतर अत्याधिक मात्रा में हो जाने पर विष की घातकता बढ़ जाती है तथा कुत्तों में यह मृत्युकारक भी हो सकता है।

चित्र 37 : सेब का पौधा

विषाक्तता के लक्षणः कुत्तों को रोग अथवा उच्च प्रोटीन युक्त भोजन के प्रतिबन्धित होने पर सेब या सेब के टुकड़े कम प्रोटीन, रेशेदार एवं प्रतिऑक्सीकारक गुण से परिपूर्ण होने के कारण अल्पाहार के लिए अति उपयुक्त विकल्प के रूप में उभरकर सामने आते हैं। पशुचिकित्सक भी संधि रोग सहित अन्य अपविकसन संबन्धित रोगों में जठरांत्र के स्वास्थ्य के लिए विटामिन, लवण एवं प्रतिऑक्सीकारक गुण से परिपूर्ण बीज एवं मध्य भाग को हटाकर सेब को खिलाने की सलाह देते हैं। असावधानीपूर्वक सेब के साथ अधिक मात्रा में बीज को खिला देने पर छोटी/खिलौना नस्ल वाले कुत्तों में आविषालुता होती है। विषाक्तता में पशु की श्लेष्मल का रंग चटक लाल हो जाता है। पुतली फैल जाती है। पशु को श्वांस लेने में कठिनाई होती है। उचित समय पर उपचार न मिलने पर पशु की मृत्यु तक हो जाती है। पौधे की जड़, छाल या पत्तियों के सम्पर्क में अधिक समय तक रहने पर पशु में संसर्ग त्वकशोथ एवं त्वकव्रण होता है। अधिक मात्रा में खा लेने पर बेचैनी एवं घबराहट होती है। कंठदाह एवं उदरशूल होता है। मतली आती है। वमन होता है। प्रवाहिका होती है। प्रतिवर्जन मंद पड़ जाती हैं। गति विभ्रम होता है। मांसपेशियाँ कमजोर पड़ने लगती हैं। रक्तदाबहास होता है। पशु हाँफने लगता है। श्वांस लेने में कठिनाई होती है। मूत्र विसर्जन में कष्ट होता है। हृदय तीव्र गति से धड़कता है। तंद्रा अभिग्रहण, कोमा के साथ कभी–कभी पशु की मृत्यु तक हो जाती है।

निदानः आविषालुता का निदान निम्नलिखित प्रकार से किया जाता है–

- पशु के खाने तथा सेब के पौधे के सम्पर्क में रहने के विषय में जानकारी प्राप्त कर।
- लक्षणों के आधार पर।
- समान लक्षणों वाले अन्य रोगों से विभेदीकृत पहचान कर।
- पशु का परीक्षण कर।

उपचारः विषाक्तता का उपचार प्रेरित वमन एवं सक्रिय चारकोल की सहातया से विष की मात्रा को आमाशय में कम कर (ओरुक एट अल, 2006), आमाशय धावन एवं अंतः शिरा क्षेपण द्वारा तरल पदार्थो को प्रवाहित कर किया जाता है। त्वकशोथ को कम करने के लिए त्वचा पर क्रीम का लेप करते हैं। उपचार चिकित्सक की देखरेख में ही किया चाहिये।

रोकथामः आविषालुता को निम्न प्रकार से होने से रोका जा सकता है–

- सेब से बीज एवं केन्द्रीय भाग को निकालकर।
- सेब के पौधे के विभिन्न भागों के संसर्ग एवं खाने को रोककर।

संदर्भ

यमाटा, ओ. हायसी, एम. कसाये, ई. तमीजा, एम. यामासाकी, एम. मेडे, वाई. (1999). रिडयूस्ट ग्लूटाथियोन एसिलिरेट दि ऑक्सीडेटिव डैमेज प्रोड्यूस्ड बाई सोडियम–ए–एन प्रोफिलथायोसल्फेट वन ऑफ दि काजेटिव एजेंट्स ऑफ ओनियन इंड्यूस्ट हीमोलिटिक एनीमिया इन डाग. बायोकैम बायोफिजिक्स एक्टा, 1427(2): 175–182।

ओरुक, एच.एच. इल्माज, आर. बैगडास, डी. ओजीगिट, एम.ओ. (2006). सायनाइड प्वाइजनिंग डेथ्स इन डाग्स, ज.वेट. मेड ए. फिजिओल, पैथोल, क्लीन. मेड. 53(10): 509–510।

❑❑❑